高等职业学校电类专业教材

电子技术基础

（第二版）学生用书

李仁芝　主　编

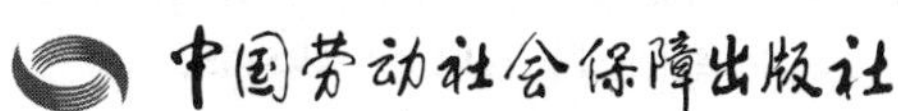

简　介

本书为高等职业学校电类专业教材《电子技术基础（第二版）》的配套用书，供学生课堂学习和课后练习使用。本书按照教材的任务顺序编写，每个任务都包括“明确任务”“资讯学习”“任务实施”和“展示与评价”等环节。本书关注学生的学习过程，强调知识、技能的同步提升，适合技工院校电类专业教学使用，也可作为职业培训用书。

本书由李仁芝任主编，王晓勇任副主编，胡捷、丁淋淋、秦文芳、蒙代领参加编写，张萌任主审。

图书在版编目(CIP)数据

电子技术基础（第二版）学生用书 / 李仁芝主编. 北京：中国劳动社会保障出版社，2024. --(高等职业学校电类专业教材). --ISBN 978-7-5167-6653-8

Ⅰ. TN

中国国家版本馆 CIP 数据核字第 20247TV296 号

中国劳动社会保障出版社出版发行

（北京市惠新东街 1 号　邮政编码：100029）

*

北京鑫海金澳胶印有限公司印刷装订　新华书店经销

787 毫米×1092 毫米　16 开本　7 印张　149 千字

2024 年 11 月第 1 版　2024 年 11 月第 1 次印刷

定价：14.00 元

营销中心电话：400-606-6496

出版社网址：https://www.class.com.cn

https://jg.class.com.cn

目录

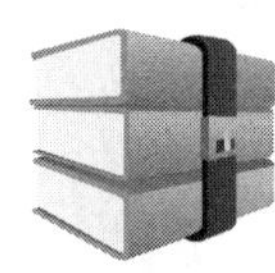

课题一　直流稳压电源的装配与调试

任务1　半导体二极管的识别、检测与选用

明确任务

二极管是最简单的半导体元器件，其具有单向导电性，常用于电子电路中的整流、限幅、检波、开关等，是许多电子电路不可缺少的基本半导体元器件。本任务的主要内容是掌握二极管的基本属性，并完成二极管极性判别和质量检测。要求在规定的时间内完成任务并提交审核。

资讯学习

1. 在图 1-1-1 所示的二极管结构及图形符号中分别标出二极管的正、负极。

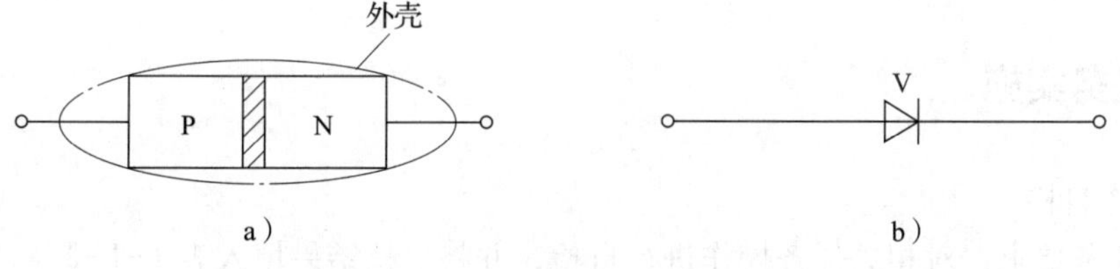

图 1-1-1　二极管的结构及图形符号

a）结构　b）图形符号

2. 查阅资料，将常用二极管的图形符号填入表 1-1-1。

表 1-1-1　常用二极管的图形符号

二极管种类	图形符号
稳压二极管	

续表

二极管种类	图形符号
发光二极管	
光敏二极管	
变容二极管	

3. 二极管具有单向导电性，写出图 1-1-2 中二极管的导通情况和灯泡的亮灭情况，并标出二极管的正、负极。

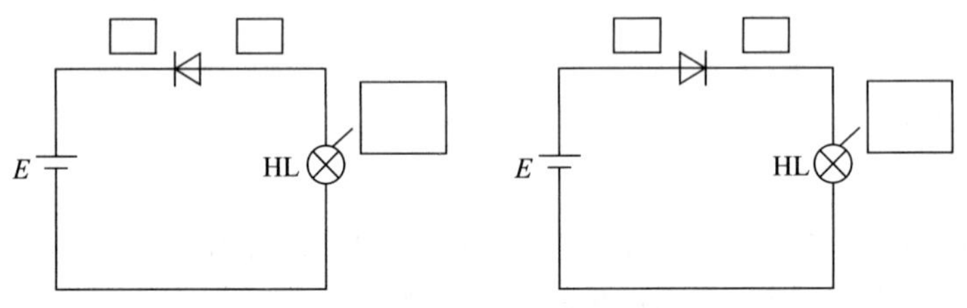

图 1-1-2　二极管的单向导电性

4. 二极管导通后的正向电压称为正向压降（或管压降），其变化不大，硅管约为____V，锗管约为____V。

5. 最大反向电流是二极管工作在最高反向工作电压时的反向电流，此值越____，二极管的单向导电性越好。

任务实施

1. 操作自检

根据任务要求，对相关任务操作进行自检，并将自检结果填入表 1-1-2。

表 1-1-2　操作自检表

自检项目	记录	备注
实训设备、工具、材料的准备	实训设备、工具、材料齐全□ 实训设备、工具、材料缺少□ 缺少物品________________	

2. 用观察法识别二极管的极性

用观察法判断图 1-1-3 中二极管的极性。

图 1-1-3　二极管实物图

3. 用万用表判断二极管的极性和质量

（1）操作步骤

1）将万用表的红表笔接表内电池的______极，黑表笔接表内电池的______极。测试前，先将万用表的量程选择为电阻挡__________或__________，并将两表笔短接调零。

2）将万用表的红表笔和黑表笔分别与二极管的两个引脚相接，将万用表的读数填入表 1-1-3。

3）对调万用表的红表笔和黑表笔，将万用表的读数填入表 1-1-3。

（2）分析测量结果

比较两次测量的阻值大小，以测得的阻值较小的一次为准，与黑表笔相接的引脚是二极管的______，与红表笔相接的引脚是二极管的______，该阻值是二极管的正向阻值。

比较两次测量的阻值大小，正、反向电阻阻值相差越____，说明二极管的质量越好。若两次测量的结果都很小，趋近于 0，则说明二极管已________；若两次测量的结果均很大，趋近于∞，则说明二极管已________。

将各二极管的质量判别结果和损坏原因填入表 1-1-3。

表 1-1-3　测量结果记录表

二极管型号	正向阻值/kΩ	反向阻值/kΩ	质量	损坏原因
2AP1				
2AP7				
1N4001				
1N4003				
1N4004				
2CZ52B				

展示与评价

1. 成果展示

以小组为单位，选择演示文稿、展板、海报、录像等形式中的一种或几种，向全班展示、汇报学习成果。

2. 任务评价

对任务实施的完成情况进行检查，并将结果填入表 1-1-4。

表 1-1-4　任务测评表

序号	项目内容	评分标准	配分	扣分	得分
1	学习态度	（1）学习兴趣不足，扣 5 分 （2）观察不认真，扣 5 分	10		
2	协作精神	协作意识不强，扣 10 分	10		
3	二极管的识别与检测	（1）二极管极性判别错误，每个扣 10 分 （2）二极管质量判断错误，每个扣 5 分	40		
4	万用表的使用	（1）万用表的使用方法不正确，扣 10 分 （2）万用表读数错误，每次扣 5 分	20		
5	安全文明生产	违反安全文明生产要求，酌情扣分	20		
合计			100		
开始时间			结束时间		

任务 2　单相整流电路的装配与调试

明确任务

整流电路是直流稳压电源的一部分，其作用是将交流电转换成脉动的直流电。本任务的主要内容是，根据给定的技术指标，按照单相桥式整流电路原理图装配并调试出满足工艺要求和技术要求的合格电路，能独立解决调试过程中出现的故障，在规定的时间内完成任务并提交审核。

资讯学习

1. 二极管具有单向导电性，所以它经常用于整流，常见的整流方式有单相半波整流、单相桥式整流等，分别画出两种整流方式的电路原理图及整流前、后的波形，写出输出电压平均值 U_o 与电源变压器二次电压有效值 U_2 的关系，填入表 1-2-1。

表 1-2-1　单相半波整流和单相桥式整流

整流方式	电路原理图	整流前波形图	整流后波形图	输出电压平均值 U_o 与输入电压 U_2 的关系
半波整流				
桥式整流				

2. 实践应用中选择整流二极管时应满足：$I_{FM} \geqslant$______，$U_{RM} \geqslant$______。
3. 电烙铁的反握法、正握法、握笔法分别适用于怎样的焊件？

4. 电烙铁在使用过程中如何进行保养？

任务实施

1. 操作自检

根据任务要求，对相关任务操作进行自检，并将自检结果填入表 1-2-2。

表 1-2-2　操作自检表

自检项目	记录	备注
实训设备、工具、材料的准备	实训设备、工具、材料齐全□ 实训设备、工具、材料缺少□ 缺少物品________	
二极管的检测	二极管质量良好□ 二极管有损坏□　损坏数量____	
电阻器的检测	电阻器质量良好□ 电阻器有损坏□　损坏数量____	
元器件的成型	符合工艺要求□　不符合工艺要求□	
元器件的插装焊接	符合工艺要求□　不符合工艺要求□	
镀锡裸铜丝的焊接	符合工艺要求□　不符合工艺要求□	
电路焊接质量的检查	质量良好□　漏焊□　错焊□　虚焊□ 其他问题□	
通电前的检查	质量良好□　元器件引脚之间短路□ 输入交流电源短路□　二极管极性接反□ 其他问题□	

2. 电路测试

使用示波器和万用表分别测量单相桥式整流电路的输入、输出电压波形和大小，将结果记录在表 1-2-3 和表 1-2-4。

表 1-2-3　输入电压测量结果记录表

万用表挡位	测量值 U_i/V	波形

表 1-2-4　输出电压测量结果记录表

万用表挡位	测量值 U_o/V	波形

3. 故障检测

单相桥式整流电路中，已知电源变压器二次电压有效值 $U_2 = 10$ V，$R_L = 50$ Ω，分别测量：

（1）电路中有一个二极管开路时的输出电压值。

（2）电路中有两个二极管同时开路时的输出电压值。

（3）负载电阻 R_L 开路时的输出电压值。

将上述测量结果填入表 1-2-5。

表 1-2-5　故障检测结果记录表

故障现象	万用表挡位	U_o/V	波形
二极管 V1 开路			
二极管 V1、V2 同时开路			
二极管 V1、V3 同时开路			
负载电阻 R_L 开路			

展示与评价

1. 成果展示

以小组为单位，选择演示文稿、展板、海报、录像等形式中的一种或几种，向全班展示、汇报学习成果。

2. 任务评价

对任务实施的完成情况进行检查，并将结果填入表 1-2-6。

表 1-2-6　任务测评表

序号	考核项目	评分标准		配分	扣分	得分
1	元器件安装	（1）元器件不按规定方式安装，扣 5 分 （2）元器件极性安装错误，扣 10 分 （3）布线不合理，每处扣 5 分		20		
2	电路焊接	（1）电路装接后与电路原理图不一致，每处扣 10 分 （2）焊点不合格，每处扣 2 分 （3）剪脚留头长度不合格，每处扣 2 分		20		
3	电路测试	（1）关键点电位异常，每处扣 5 分 （2）测量波形不正确，扣 15 分 （3）仪器仪表使用错误，每次扣 5 分		40		
4	安全文明生产	违反安全文明生产要求，酌情扣分		20		
合计				100		
开始时间			结束时间			

任务 3　滤波电路的装配与调试

明确任务

滤波电路是直流稳压电源的一部分，其作用是将整流输出的脉动直流电转换成平滑的直流电。本任务的主要内容是，根据给定的技术指标，按照单相桥式整流电容滤波电路原理图装配并调试出满足工艺要求和技术要求的合格电路，能独立解决调试过程中出现的故障，在规定的时间内完成任务并提交审核。

资讯学习

1. 电容的单位有哪些？它们之间的换算关系是怎样的？

2. 标出图 1-3-1 所示电容器的正、负极。

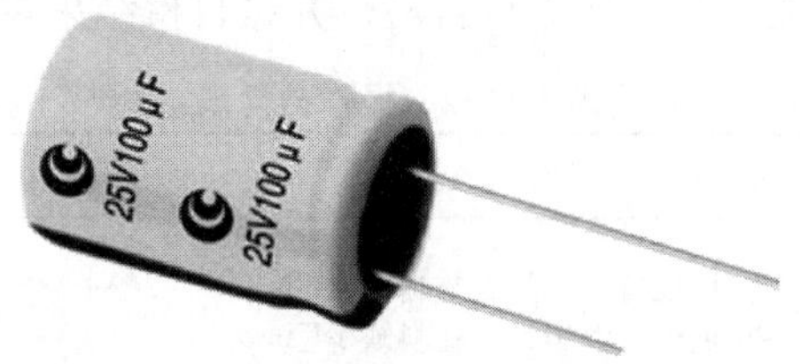

图 1-3-1　电容器

3. 分别画出单相半波整流电容滤波电路和单相桥式整流电容滤波电路的电路原理图，写出输出电压平均值 U_o 与电源变压器的二次电压有效值 U_2 的关系，填入表 1-3-1。

表 1-3-1　单相半波整流电容滤波电路和单相桥式整流电容滤波电路

电路类型	电路原理图	U_o 与 U_2 的关系
单相半波整流电容滤波电路		
单相桥式整流电容滤波电路		

4. 电容器的检测方法如下：

（1）检测电容为 0.01 μF 以下的小电容器

检测时，可选用万用表的 R×10 k 挡，用万用表两表笔分别任意接触电容器的两引脚。

正常情况下，阻值应为__________；若测出阻值很____或为____，则说明电容器漏电或短路。

（2）检测电容为 0. 01 μF 以上的固定电容器

可用万用表的 R×10 k 挡检测电容器的性能。具体方法如下：

1）用两表笔分别任意接触电容器的两个引脚。

2）调换表笔再接触电容器的两个引脚。

3）如果电容器的性能良好，万用表指针会____________一下，随即迅速__________，指向__________位置。

任务实施

1. 操作自检

根据任务要求，对相关任务操作进行自检，并将自检结果填入表 1-3-2。

表 1-3-2　操作自检表

自检项目	记录	备注
实训设备、工具、材料的准备	实训设备、工具、材料齐全□ 实训设备、工具、材料缺少□ 缺少物品______________	
二极管的检测	二极管质量良好□ 二极管有损坏□　损坏数量______	
电阻器的检测	电阻器质量良好□ 电阻器有损坏□　损坏数量______	
电容器的检测	电容器质量良好□ 电容器有损坏□　损坏数量______	
元器件的成型	符合工艺要求□　不符合工艺要求□	
元器件的插装焊接	符合工艺要求□　不符合工艺要求□	
镀锡裸铜丝的焊接	符合工艺要求□　不符合工艺要求□	
电路焊接质量的检查	质量良好□　漏焊□　错焊□　虚焊□ 其他问题□	
通电前的检查	质量良好□　元器件引脚之间短路□ 输入交流电源短路□　二极管极性接反□ 电容器极性接反□　其他问题□	

2. 电路测试

使用示波器和万用表测量单相桥式整流电容滤波电路的输入、输出电压波形和大小，将结果记录在表 1-3-3。

表 1-3-3 单相桥式整流电容滤波电路测量结果记录表

测量内容	万用表挡位	测量电压/V	波形
输入电压			
输出电压			

3. 故障检测

单相桥式整流电容滤波电路中，已知电源变压器二次电压有效值 $U_2=10\ \text{V}$，$R_L=50\ \Omega$，分别测量：

（1）电路中有一个二极管开路时的输出电压值。

（2）滤波电容器 C 开路时的输出电压值。

（3）负载电阻 R_L 开路时的输出电压值。

（4）一个二极管和滤波电容器同时开路时的输出电压值。

将上述测量结果填入表 1-3-4。

表 1-3-4 故障检测结果记录表

故障现象	万用表挡位	U_o/V	波形
二极管 V1 开路			
滤波电容器 C 开路			
负载电阻 R_L 开路			
二极管 V1 和滤波电容器 C 同时开路			

展示与评价

1. 成果展示

以小组为单位，选择演示文稿、展板、海报、录像等形式中的一种或几种，向全班展示、汇报学习成果。

2. 任务评价

对任务实施的完成情况进行检查，并将结果填入表 1-3-5。

表 1-3-5　任务测评表

序号	项目内容	评分标准		配分	扣分	得分
1	元器件安装	（1）元器件不按规定方式安装，扣 5 分 （2）元器件极性安装错误，扣 10 分 （3）布线不合理，每处扣 5 分		20		
2	电路焊接	（1）电路装接后与电路原理图不一致，每处扣 10 分 （2）焊点不合格，每处扣 2 分 （3）剪脚留头长度不合格，每处扣 2 分		20		
3	电路测试	（1）关键点电位异常，每处扣 5 分 （2）故障测试点电位、波形异常，每处扣 5 分 （3）仪器仪表使用错误，每次扣 5 分		40		
4	安全文明生产	违反安全文明生产要求，酌情扣分		20		
合计				100		
开始时间			结束时间			

任务 4　半导体三极管的识别、检测与选用

明确任务

三极管是常用的半导体元器件之一，最主要的功能是起电流放大和开关作用。本任务的主要内容是，掌握三极管的基本属性，并完成三极管极性判别和质量检测，在规定的时间内完成任务并提交审核。

资讯学习

1. 分别画出 NPN 和 PNP 型三极管的图形符号，标出每个引脚的名称。

2. 三极管各极电流之间的关系为________________。

3. 三极管的输出特性曲线如图 1-4-1 所示，可分为三个区域，即截止区、放大区和饱和区，不同的区域对应着三极管不同的工作状态，根据三极管的输出特性，将表 1-4-1 补充完整。

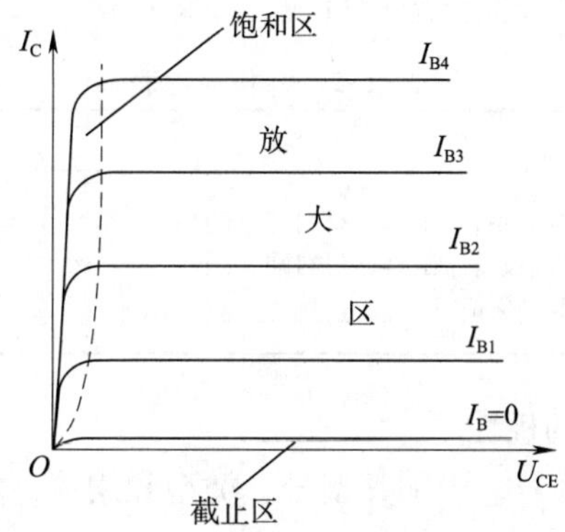

图 1-4-1　三极管的输出特性曲线

表 1-4-1　NPN 型三极管输出特性曲线的三个区域

项目	截止区	放大区	饱和区
条件			
特征			
工作状态	截止状态，C、E 间相当于开路	放大状态，C、E 间相当于一个可变电阻	饱和状态，C、E 间相当于短路

4. 如何进行三极管的选用?

任务实施

1. 操作自检

根据任务要求，对相关任务操作进行自检，并将自检结果填入表 1-4-2。

表 1-4-2　操作自检表

自检项目	记录	备注
实训设备、工具、材料的准备	实训设备、工具、材料齐全□ 实训设备、工具、材料缺少□ 缺少物品________________	

2. 用直观法识别三极管的极性

将准备好的 5 个三极管编号，识别其型号、类型和用途，并将结果填入表 1-4-3。

表 1-4-3　三极管的识别

序号	型号	类型（NPN/PNP）	用途
1			
2			
3			
4			
5			

3. 用万用表判别三极管的管型、极性和质量

（1）判别管型和极性

1）确定基极与管型

①将万用表的转换开关置于 R×1 k 挡。

②用万用表的第一支表笔依次接三极管的一个引脚，而第二支表笔先后接另两个引脚。当用黑表笔接某电极，而红表笔先后接触另外两个电极均测得较小阻值时，黑表笔所接的电极为______，三极管为________型。如用红表笔接某电极，而黑表笔先后接触另外两个电极均测得较小阻值时，红表笔所接的电极为______，三极管为________型。

2）确定集电极与发射极（以 NPN 型为例）

①用红、黑表笔分别接触三极管的集电极与发射极，同时用手捏紧基极和黑表笔接触的电极，记录阻值。

②调换表笔再次测量，记录阻值。

③测量阻值较小的一次，黑表笔所接引脚是______极，红表笔所接引脚是______极。

（2）判别质量

用万用表逐个测量三极管的极间电阻并判别其质量，将结果填入表 1-4-4。

表 1-4-4　三极管质量的判别

序号	集电结 正向阻值	集电结 反向阻值	发射结 正向阻值	发射结 反向阻值	集电极— 发射极阻值	质量判别
1						
2						
3						
4						
5						

展示与评价

1. 成果展示

以小组为单位，选择演示文稿、展板、海报、录像等形式中的一种或几种，向全班展示、汇报学习成果。

2. 任务评价

对任务实施的完成情况进行检查，并将结果填入表 1-4-5。

表 1-4-5　任务测评表

序号	项目内容	评分标准	配分	扣分	得分
1	学习态度	（1）学习兴趣不足，扣 5 分 （2）观察不认真，扣 5 分	10		
2	协作精神	协作意识不强，扣 10 分	10		
3	三极管的识别与检测	（1）三极管管型、极性判别错误，每个扣 10 分 （2）三极管质量判断错误，每个扣 5 分	40		
4	万用表的使用	（1）万用表的使用方法不正确，扣 10 分 （2）万用表读数错误，每次扣 5 分	20		
5	安全文明生产	违反安全文明生产要求，酌情扣分	20		
合计			100		
开始时间			结束时间		

任务 5　串联型直流稳压电源的装配与调试

明确任务

电子设备通常需要直流电源供电，串联型直流稳压电源电路能把交流电变成稳定、可调的直流电。本任务的主要内容是，根据给定的技术指标，按照串联型直流稳压电源电路原理图装配并调试出满足工艺要求和技术要求的合格电路，独立解决调试过程中出现的故障，在规定的时间内完成任务并提交审核。

资讯学习

1. 稳压二极管是采用硅半导体材料通过特殊工艺制造的，它专门工作在________区。

2. 串联型直流稳压电源的电路图如图 1-5-1 所示，写出其稳压过程。

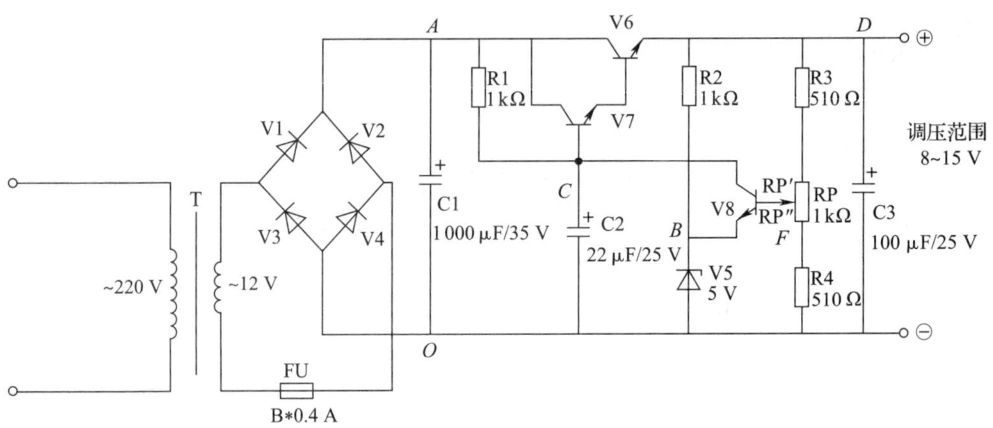

图 1-5-1　串联型直流稳压电源的电路图

3. 并联型稳压电源电路图如图 1-5-2 所示，写出其稳压过程。

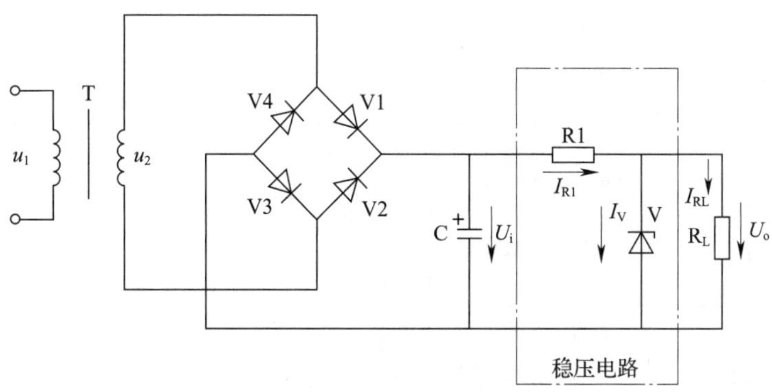

图 1-5-2　并联型稳压电源电路图

4. 判别稳压二极管与普通二极管的方法：首先利用万用表 R×1 k 挡判断出被测二极管的正、负极，然后将万用表的转换开关拨至 R×______挡，黑表笔接被测管的负极，红表笔接被测管的正极，若测得的反向电阻比用 R×1 k 挡测量的反向电阻小很多，说明被测管为________二极管。

任务实施

1. 操作自检

根据任务要求，对相关任务操作进行自检，并将自检结果填入表 1-5-1。

表 1-5-1　操作自检表

自检项目	记录	备注
实训设备、工具、材料的准备	实训设备、工具、材料齐全□ 实训设备、工具、材料缺少□ 缺少物品__________________	
二极管的检测	二极管质量良好□ 二极管有损坏□　损坏数量________	

续表

自检项目	记录	备注
电阻器的检测	电阻器质量良好□ 电阻器有损坏□　损坏数量________	
电容器的检测	电容器质量良好□ 电容器有损坏□　损坏数量________	
三极管的检测	三极管质量良好□ 三极管有损坏□　损坏数量________	
元器件的成型	符合工艺要求□　不符合工艺要求□	
元器件的插装焊接	符合工艺要求□　不符合工艺要求□	
镀锡裸铜丝的焊接	符合工艺要求□　不符合工艺要求□	
电路焊接质量的检查	质量良好□　漏焊□　错焊□　虚焊□ 其他问题□	
通电前的检查	质量良好□　元器件引脚之间短路□ 输入交流电源短路□　二极管极性接反□ 电容器极性接反□　三极管引脚接错□ 其他问题□	

2. 电路测试

串联型直流稳压电源电路中，已知电源变压器二次电压有效值 $U_2=12$ V，使用示波器和万用表分别测量串联型直流稳压电源电路的输入、输出电压波形和大小，将结果分别记录在表 1-5-2 和表 1-5-3 中。

表 1-5-2　输入电压测量结果记录表

万用表挡位	U_i/V	波形

表 1-5-3　输出电压测量结果记录表

万用表挡位	U_{AO}/V	波形

滑动电位器，分别测量表 1-5-4 中各电压并记录测量结果。

表 1-5-4　电路测量结果记录表

电位器滑片位置	U_{DO}		U_{FO}		U_{CO}		U_{AD}	
	万用表挡位	测量值/V	万用表挡位	测量值/V	万用表挡位	测量值/V	万用表挡位	测量值/V
最上端								
最下端								

3. 故障现象分析

常见故障现象的分析见表 1-5-5。

表 1-5-5　故障现象分析表

故障现象	故障原因
无直流输出电压	（1）线路错焊 （2）启动电阻的 *C* 点漏焊 （3）整流桥接错 （4）调整管反接、虚焊或损坏 （5）电解电容器损坏
输出电压不可调	（1）取样电路漏焊或虚焊 （2）电位器损坏 （3）比较放大管损坏 （4）放大管损坏
输出电压低，可调范围小	（1）取样电路虚焊 （2）比较放大管无放大功能 （3）稳压管接反 （4）电阻器选用有误

4. 故障检测

分别对表 1-5-6 中的故障现象进行检测，并记录检测结果。

表 1-5-6　故障检测结果记录表

故障现象	万用表挡位	U_{DO}/V	输出是否可调
R4 开路			
R3 或 V8 某一引脚开路			
R1 或 V6、V7 某一引脚开路			

展示与评价

1. 成果展示

以小组为单位，选择演示文稿、展板、海报、录像等形式中的一种或几种，向全班展示、汇报学习成果。

2. 任务评价

对任务实施的完成情况进行检查，并将结果填入表 1-5-7。

表 1-5-7　任务测评表

序号	项目内容	评分标准	配分	扣分	得分
1	元器件安装	（1）元器件不按规定方式安装，扣 5 分 （2）元器件极性安装错误，扣 10 分 （3）布线不合理，每处扣 5 分	20		
2	电路焊接	（1）电路装接后与电路原理图不一致，每处扣 10 分 （2）焊点不合格，每处扣 2 分 （3）剪脚留头长度不合格，每处扣 2 分	20		
3	电路测试	（1）关键点电位异常，每处扣 10 分 （2）故障测试点电位、波形异常，每处扣 5 分 （3）仪器仪表使用错误，每次扣 5 分	40		
4	安全文明生产	违反安全文明生产要求，酌情扣分	20		
合计			100		
开始时间			结束时间		

任务 6　集成稳压电路的装配与调试

明确任务

集成稳压器具有体积小、外接线路简单、使用方便、工作可靠、通用性好等优点，因此在各种电子设备中应用十分普遍。本任务的主要内容是，根据给定的技术指标，按照集成稳压电路原理图装配并调试出满足工艺要求和技术要求的合格电路，能独立解决调试过程中出现的故障，在规定的时间内完成任务并提交审核。

资讯学习

1. 写出图 1-6-1 所示三端式稳压器每个引脚的名称。

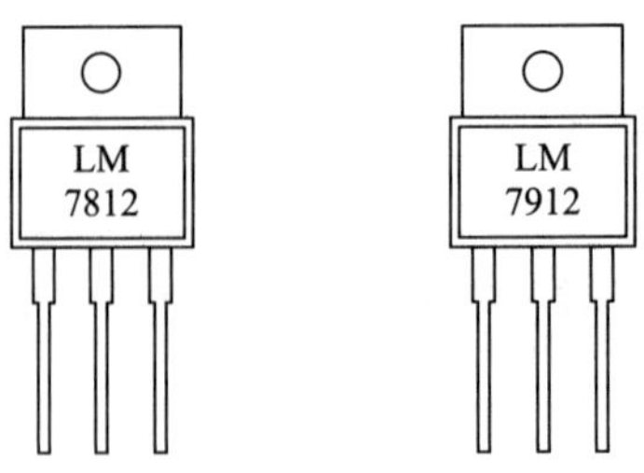

图 1-6-1　三端式稳压器

2. 写出图 1-6-2 所示三端式稳压器型号中各字母和数字的意义。

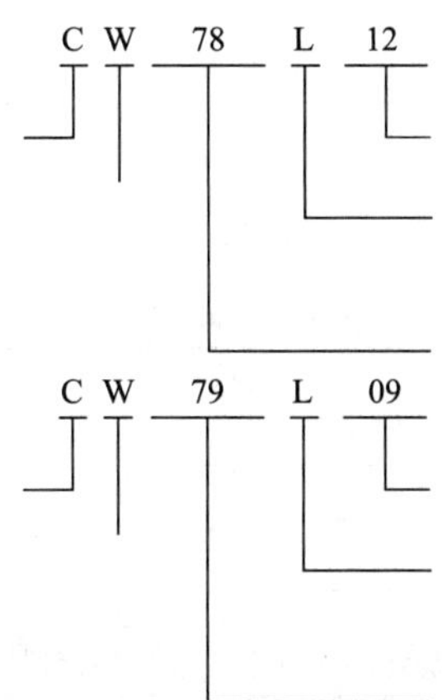

图 1-6-2　三端式稳压器型号

3. 图 1-6-3 所示是由集成稳压器 7812 组成的输出电流为 100 mA 的串联型稳压电源电路原理图，电路中四个电容的作用分别是什么？

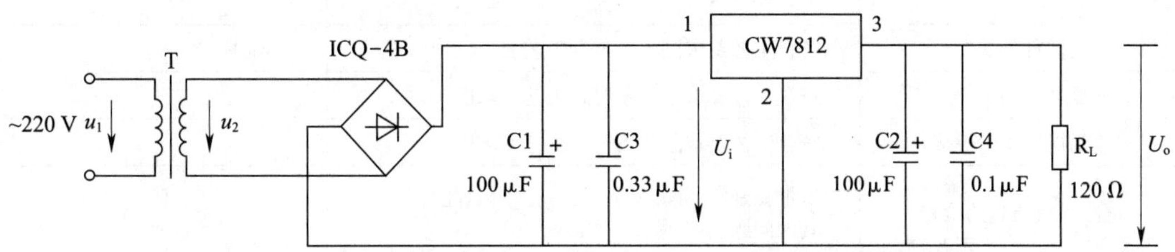

图 1-6-3　由集成稳压器 7812 组成的串联型稳压电源电路原理图

任务实施

1. 操作自检

根据任务要求，对相关任务操作进行自检，并将自检结果填入表 1-6-1。

表 1-6-1　操作自检表

自检项目	记录	备注
实训设备、工具、材料的准备	实训设备、工具、材料齐全□ 实训设备、工具、材料缺少□ 缺少物品________________	
桥式整流器的检测	桥式整流器质量良好□　桥式整流器有损坏□	
电容器的检测	电容器质量良好□ 电容器有损坏□　损坏数量________	
三端式稳压器的检测	三端式稳压器质量良好□　三端式稳压器有损坏□	
电阻器的检测	电阻器质量良好□ 电阻器有损坏□　损坏数量________	
元器件的成型	符合工艺要求□　不符合工艺要求□	
元器件的插装焊接	符合工艺要求□　不符合工艺要求□	
镀锡裸铜丝的焊接	符合工艺要求□　不符合工艺要求□	
电路焊接质量的检查	质量良好□　漏焊□　错焊□　虚焊□ 其他问题□	
通电前的检查	质量良好□　元器件引脚之间短路□ 输入交流电源短路□　二极管极性接反□ 电解电容器极性接反□ CW7812 稳压器引脚接反□　其他问题□	

2. 初调测试

初调时，接通工频 14 V 电源，测量整流滤波电路输出电压 U_i 和集成稳压器输出电压 U_o，将结果记录在表 1-6-2 中。测量结果应与理论值大致符合，否则说明电路存在故障，应进行排除。

表 1-6-2　初调测试结果记录表

整流滤波电路输出电压 U_i		集成稳压器输出电压 U_o	
万用表挡位	测量结果	万用表挡位	测量结果

3. 各项性能指标的调试

电路初调正常后，才能进行各项性能指标的调试。

（1）输出电压 U_o 和最大输出电流 I_{omax} 的调试

在输出端接负载电阻 $R_L=120\ \Omega$，由于集成稳压器输出电压 $U_o=12\ V$，所以流过 R_L 的电流应为 $I_{omax}=12\ V/120\ \Omega=100\ mA$。

（2）输出电阻 R_o 的测量，$R_o=\Delta U_o/\Delta I_o$。

（3）调节输入电压在 14~17 V 之间变化，观察输出电压的变化情况。U_o 应基本保持不变，若变化较大则说明集成电路性能不良。

展示与评价

1. 成果展示

以小组为单位，选择演示文稿、展板、海报、录像等形式中的一种或几种，向全班展示、汇报学习成果。

2. 任务评价

对任务实施的完成情况进行检查，并将结果填入表 1-6-3。

表 1-6-3　任务测评表

序号	项目内容	评分标准	配分	扣分	得分
1	元器件安装	（1）元器件不按规定方式安装，扣 5 分 （2）元器件极性安装错误，扣 10 分 （3）布线不合理，每处扣 5 分	20		
2	电路焊接	（1）电路装接后与电路原理图不一致，每处扣 10 分 （2）焊点不合格，每处扣 2 分 （3）剪脚留头长度不合格，每处扣 2 分	20		
3	电路测试	（1）关键点电位异常，每处扣 10 分 （2）仪器仪表使用错误，每次扣 5 分	40		
4	安全文明生产	违反安全文明生产要求，酌情扣分	20		
合计			100		
开始时间			结束时间		

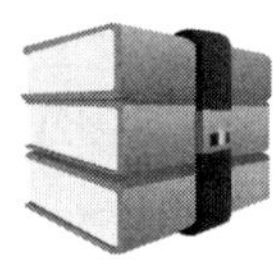

课题二　功率放大器的装配与调试

任务1　共发射极放大电路的装配与调试

明确任务

放大电路简称放大器，是电子设备中常用的一种基本单元电路。它利用三极管的电流控制作用，将信号源传来的微小电信号不失真地进行放大。本任务的主要内容是，根据给定的技术指标，按照共发射极放大电路原理图装配并调试出满足工艺要求和技术要求的合格电路，能独立解决调试过程中出现的故障，在规定的时间内完成任务并提交审核。

资讯学习

1. 画出共发射极基本放大电路，写出共发射极基本放大电路中各元器件的作用。

2. 根据共发射极基本放大电路画出直流通路，写出静态工作点（I_{BQ}、I_{CQ}、U_{CEQ}）的计算公式。

3. 放大器出现饱和失真与截止失真的原因是什么？对于小信号放大电路，静态工作点 I_{CQ}、U_{CEQ} 的取值通常为多少？

任务实施

1. 操作自检

根据任务要求，对相关任务操作进行自检，并将自检结果填入表 2-1-1。

表 2-1-1　操作自检表

自检项目	记录	备注
实训设备、工具、材料的准备	实训设备、工具、材料齐全□ 实训设备、工具、材料缺少□ 缺少物品__________________	
电容器的测量	电容器质量良好□ 电容器有损坏□　损坏数量________	
三极管的测量	三极管质量良好□　三极管有损坏□	

续表

自检项目	记录	备注
电阻器的测量	电阻器质量良好□ 电阻器有损坏□　损坏数量________	
元器件的成型	符合工艺要求□　不符合工艺要求□	
元器件的插装焊接	符合工艺要求□　不符合工艺要求□	
镀锡裸铜丝的焊接	符合工艺要求□　不符合工艺要求□	
电路焊接质量的检查	质量良好□　漏焊□　错焊□　虚焊□ 其他问题□	
通电前的检查	质量良好□　元器件引脚之间短路□ 电容器极性接反□　三极管引脚接错□ 其他问题□	

2. 最佳静态工作点的调整

（1）选择+5 V 稳压电源，用红色导线连接直流电源正极到放大电路的 V_{CC}，用黑色导线连接直流电源负极到公共端。

（2）选择函数信号发生器正弦波输出，用红色导线连接正极到放大电路的输入端，用黑色导线连接负极到放大电路的公共端。

（3）将示波器 Y 通道的正极用红色导线连接到放大电路的输出端，负极连接到放大电路的公共端。

（4）调节信号发生器的频率为 1 kHz，输出电压为 10 mV。缓慢增大放大电路的输入电压 u_i，同时观察放大电路的输出电压 u_o，当波形出现失真时调整电位器 RP，使波形恢复正常，然后再增大 u_i，重复上述步骤，直到输出电压 u_o 正、负峰值都出现轻微失真为止，这时放大器的静态工作点即为最佳静态工作点。缓慢减小 u_i，使正、负峰值都刚好不失真，这时的输出电压 u_o 即为该放大器的最大不失真输出电压。

3. 静态工作点的测量

去掉输入信号在 i 点的连接线，并将 i 点用短路元器件连接到地（d_1 点）。然后用万用表测量 U_E、U_{BE} 及 U_{CE}，并计算出 I_C 的值，填入表 2-1-2。

表 2-1-2　静态工作点的测量结果

U_E/V	U_{BE}/V	U_{CE}/V	I_C/mA

注：电位器 RP 不再调整。

4. 测量放大器的电压放大倍数

在放大器输入端加入频率为 1 kHz 的正弦信号 u_s，调节信号发生器使放大器输入电压 U_i = 10 mV，同时用示波器观察放大器输出电压 u_o 的波形。在波形不失真的条件下，用毫伏表测量表 2-1-3 中三种情况下的 U_o 值，并用示波器观察 u_o 和 u_i 的相位关系，填入表 2-1-3。

表 2-1-3　电压放大倍数的测量结果

R_C/kΩ	R_L/kΩ	U_o/V	$\dot{A}_u$	观察记录一组 u_o 和 u_i 波形
3.3	∞			
1.5	∞			
3.3	3.9			

5. 分析静态工作点对电压放大倍数的影响

选取 R_C=3.3 kΩ，R_L=∞，U_i 适当，调节 RP 并观察输出电压波形，在 u_o 不失真的条件下，测量 I_C 和 U_o 值，记入表 2-1-4 中。

表 2-1-4　静态工作点对电压放大倍数的影响

序号	I_C/mA	U_o/V	$\dot{A}_u$
1			
2			
3			

测量 I_C 时，要先将信号发生器输出电压调为 0（即令 u_i=0）。

6. 观察静态工作点对输出波形失真的影响

选取 R_C=3.3 kΩ，R_L=3.9 kΩ，u_i=0，调节 RP 使 I_C=2 mA，测量 U_{CE} 值，再逐步加大输入电压，使输出电压 u_o 足够大但不失真。然后保持输入信号不变，分别增大和减小 R_P，使波形出现失真，绘出 u_o 的波形并测量失真情况下的 I_C 和 U_{CE} 值，记入表 2-1-5 中。每次测量 I_C 和 U_{CE} 值时都要将信号发生器输出电压调为 0（即令 u_i=0）。

表 2-1-5　静态工作点对输出波形失真的影响

I_C/mA	U_{CE}/V	u_o 波形	失真情况	三极管工作状态

续表

I_C/mA	U_{CE}/V	u_o 波形	失真情况	三极管工作状态

7. 电路检修

（1）无信号输出故障

1）排除信号发生器、示波器、探头与连接线的故障。

2）测量放大电路直流供电电压，若不正常，则检查直流供电电源或连接线。

3）测量三极管各电极的静态工作点电压，根据测量结果判断故障部位。

（2）输出信号产生非线性失真故障

1）测量三极管各电极的静态工作点电压，判断三极管是否工作在放大区，一般可通过调整偏置电阻或更换三极管来解决。

2）利用示波器观察放大器的输出波形，判断波形失真的原因，主要检查电容器是否漏电等。

操作提示

1. 开始使用直流电源和信号发生器时，要将输出电压调至最低，待接好线后，逐步将电压调至规定值。

2. 示波器探头的接地端与示波器机壳及插头的接地端是相通的，因此示波器的插座应经隔离变压器供电，否则应将示波器插头的接地端除去。

展示与评价

1. 成果展示

以小组为单位，选择演示文稿、展板、海报、录像等形式中的一种或几种，向全班展示、汇报学习成果。

2. 任务评价

对任务实施的完成情况进行检查，并将结果填入表 2-1-6。

表 2-1-6　任务测评表

序号	项目内容	评分标准	配分	扣分	得分
1	元器件安装	（1）元器件不按规定方式安装，扣 5 分 （2）元器件极性安装错误，扣 10 分 （3）布线不合理，每处扣 5 分	20		

续表

序号	项目内容	评分标准		配分	扣分	得分
2	电路焊接	（1）电路装接后与电路原理图不一致，每处扣 10 分 （2）焊点不合格，每处扣 2 分 （3）剪脚留头长度不合格，每处扣 2 分		20		
3	电路测试	（1）关键点电位异常，每处扣 10 分 （2）仪器仪表使用错误，每次扣 5 分		40		
4	安全文明生产	违反安全文明生产要求，酌情扣分		20		
合计				100		
开始时间			结束时间			

任务 2　负反馈放大电路的装配与调试

明确任务

反馈是改善放大电路性能的重要手段，也是自动控制系统中的重要环节，实际应用电路中几乎都要引入各种各样的反馈。本任务的主要内容是，根据给定的技术指标，按照负反馈放大电路原理图装配并调试出满足工艺要求和技术要求的合格电路，能独立解决调试过程中出现的故障，在规定的时间内完成任务并提交审核。

资讯学习

1. 画出反馈放大器的组成框图，写出基本放大电路和反馈网络的作用。

2. 根据反馈放大器的组成框图可知，基本放大电路的放大倍数 $A=$________，反馈电路的反馈系数 $F=$________，负反馈放大器的放大倍数 $A_f=$______________。

3. 图 2-2-1 所示电路中引入的是正反馈还是负反馈？利用瞬时极性法进行分析，并标出图中各点的瞬时极性。

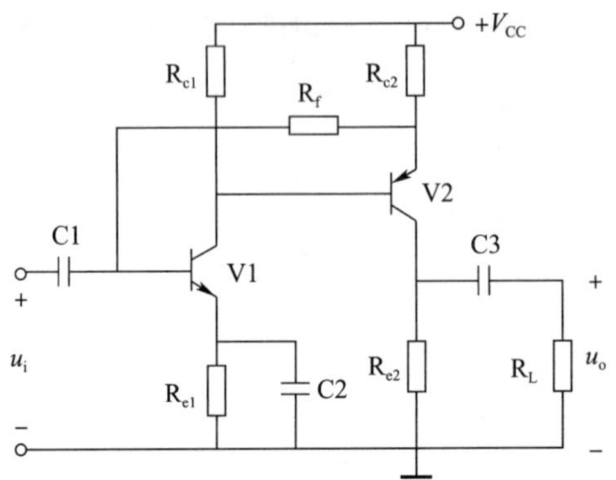

图 2-2-1　瞬时极性法判断反馈类型

任务实施

1. 操作自检

根据任务要求，对相关任务操作进行自检，并将自检结果填入表 2-2-1。

表 2-2-1　操作自检表

自检项目	记录	备注
实训设备、工具、材料的准备	实训设备、工具、材料齐全□ 实训设备、工具、材料缺少□ 缺少物品________	
电容器的测量	电容器质量良好□ 电容器有损坏□　损坏数量____	
三极管的测量	三极管质量良好□ 三极管有损坏□　损坏数量____	
电阻器的测量	电阻器质量良好□ 电阻器有损坏□　损坏数量____	
元器件的成型	符合工艺要求□　不符合工艺要求□	
元器件的插装焊接	符合工艺要求□　不符合工艺要求□	
镀锡裸铜丝的焊接	符合工艺要求□　不符合工艺要求□	
电路焊接质量的检查	质量良好□　漏焊□　错焊□　虚焊□ 其他问题□	
通电前的检查	质量良好□　元器件引脚之间短路□ 电容器极性接反□　三极管引脚接错□ 其他问题□	

2. 测量静态工作点

（1）选择+12 V 稳压电源，用红色导线连接电源正极与负反馈放大电路的 V_{CC}，用黑色导线连接电源负极与负反馈放大电路的 d_2 点。

（2）选择函数发生器的正弦波输出，用红色导线连接正极与负反馈放大电路的 i 点，用黑色导线连接负极与负反馈放大电路的 d_1 点。

（3）示波器 Y 通道的正极用红色导线分别连接到负反馈放大电路的 i 点与 o 点，负极用黑色导线连接到负反馈放大电路的 d_2 点。

（4）取 $V_{CC}=+5$ V，$u_i=0$，用万用表分别测量第一级、第二级放大电路的静态工作点，记入表 2-2-2。

表 2-2-2　放大电路静态工作点的测量记录表

	U_{CEQ}/V	I_{CQ}/mA	I_{BQ}/mA
第一级			
第二级			

3. 测量基本放大器的电压放大倍数

将电路改接，即把 R10 断开后同时并联在 R4 和 R_L 上，其他连线保持不变。按以下步骤进行操作：

（1）用示波器监视 f= 1 kHz、U_i 约为 5 mV 的正弦信号输入放大器的输出波形 u_o，在 u_o 不失真的情况下，用毫伏表测量 U_i、U_{oi}（第一级放大电路输出电压）、U_o，记入表 2-2-3。

（2）保持 U_i 不变，断开负载电阻 R_L（注意，R10 不要断开），测量空载时的输出电压 U_o，记入表 2-2-3。

表 2-2-3　基本放大器电压放大倍数的测量记录表

负载情况	U_i/mV	U_{oi}/V	U_o/V	$\dot{A}_u$
负载正常连接				
$R_L=\infty$				

4. 测量负反馈放大器的电压放大倍数

将电路恢复，即接上 R10，适当增大 U_i（约 10 mV），在输出波形不失真的条件下，测量负反馈放大器的 U_i、U_{oi}、U_o，将结果记入表 2-2-4。

表 2-2-4　负反馈放大器电压放大倍数的测量记录表

U_i/mV	U_{oi}/V	U_o/V	$\dot{A}_{uf}$

测量基本放大器的电压放大倍数时，一定要将 R10 断开，否则将导致测量误差。

展示与评价

1. 成果展示

以小组为单位，选择演示文稿、展板、海报、录像等形式中的一种或几种，向全班展示、汇报学习成果。

2. 任务评价

对任务实施的完成情况进行检查，并将结果填入表 2-2-5。

表 2-2-5　任务测评表

序号	项目内容	评分标准	配分	扣分	得分
1	元器件安装	（1）元器件不按规定方式安装，扣 5 分 （2）元器件极性安装错误，扣 10 分 （3）布线不合理，每处扣 5 分	20		
2	电路焊接	（1）电路装接后与电路原理图不一致，每处扣 10 分 （2）焊点不合格，每处扣 2 分 （3）剪脚留头长度不合格，每处扣 2 分	20		
3	电路测试	（1）关键点电位异常，每处扣 10 分 （2）放大倍数测量错误，每处扣 10 分 （3）仪器仪表使用错误，每次扣 5 分	40		
4	安全文明生产	违反安全文明生产要求，酌情扣分	20		
合计			100		
开始时间			结束时间		

任务 3　OTL 功率放大电路的装配与调试

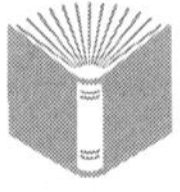

明确任务

功率放大电路能输出较大功率，推动一个实际的负载，如扬声器发声、继电器动作、仪表指针偏转、数据或图像显示等。本任务的主要内容是，根据给定的技术指标，按照 OTL 功率放大电路原理图装配并调试出满足工艺要求和技术要求的合格电路，能独立解决调试过程中出现的故障，在规定的时间内完成任务并提交审核。

资讯学习

1. 功率放大电路的三种类型分别是什么？写出每种类型的优缺点。

2. 画出 OCL 功率放大电路。

3. 什么是交越失真？如何克服交越失真？

4. 扬声器性能的检测方法有哪些？

任务实施

1. 操作自检

根据任务要求，对相关任务操作进行自检，并将自检结果填入表 2-3-1。

表 2-3-1　操作自检表

自检项目	记录	备注
实训设备、工具、材料的准备	实训设备、工具、材料齐全□ 实训设备、工具、材料缺少□ 缺少物品________________	
电容器的检测	电容器质量良好□ 电容器有损坏□　损坏数量_______	
二极管的检测	二极管质量良好□　二极管有损坏□	
三极管的检测	三极管质量良好□ 三极管有损坏□　损坏数量_______	
电阻器的检测	电阻器质量良好□ 电阻器有损坏□　损坏数量_______	
扬声器的检测	扬声器质量良好□　扬声器有损坏□	
元器件的成型	符合工艺要求□　不符合工艺要求□	
元器件的插装焊接	符合工艺要求□　不符合工艺要求□	
镀锡裸铜丝的焊接	符合工艺要求□　不符合工艺要求□	
电路焊接质量的检查	质量良好□　漏焊□　错焊□　虚焊□ 其他问题□	

续表

自检项目	记录	备注
通电前的检查	质量良好□　元器件引脚之间短路□ 电容器极性接反□　三极管引脚接错□ 扬声器接错□　其他问题□	

2. 静态工作点的调试

（1）将电源进线中串入直流毫安表，电位器 PR2 置最小值，RP1 滑片置中间位置。接通+5 V 电源，观察毫安表读数，同时用手触摸输出级三极管，若电流过大或三极管温升显著，应立即断开电源、检查原因并进行排除。若无异常现象，则可开始调试。

（2）调节电位器 RP1，使 $U_A=\frac{1}{2}V_{CC}$。

（3）调整输出级静态电流并测量各级静态工作点。调节 PR2，使 V2、V3 的集电极电流为 5~10 mA。从减小交越失真的角度，应适当加大输出级静态电流，但该电流过大会使效率降低，所以一般以 5~10 mA 为宜。

（4）测量各级静态工作点，记入表 2-3-2。

表 2-3-2　放大电路静态工作点的测量记录表（I_{C2}、I_{C3} 取适当值，$V_A=2.5$ V）

三极管	U_{CEQ}/V	I_{CQ}/mA	I_{BQ}/mA
V1			
V2			
V3			

3. 最大输出功率和效率的测量

（1）测量最大输出功率 P_{om}

将输入端接 $f=1$ kHz 的正弦信号 u_i，输出端用示波器观察输出电压 u_o 的波形。逐渐增大 u_i，使输出电压达到最大而不失真地输出，用万用表测量负载电阻 R_L 上的电压 U_{om}，则

$$P_{om}=\frac{U_{om}^2}{R_L}\approx\frac{(V_{CC}/2)^2}{R_L}=\frac{V_{CC}^2}{4R_L}$$

（2）测量效率 η

当输出电压为最大且输出波形不失真时，读出直流毫安表的电流值，此电流即为直流电源供给的平均电流 I_{dc}，由此可近似求得直流电源的输出功率 $P_E=V_{CC}I_{dc}$，再根据测得的最大输出功率 P_{om}，即可求出电路的效率 $\eta=\frac{P_{om}}{P_E}$。

将 U_{om}、I_{dc}、P_{om}、P_E、η 的测量值填入表 2-3-3。

表 2-3-3　测量结果记录表

U_{om}/V	I_{dc}/mA	P_{om}/mW	P_E/mW	η

1. 由于线路比较复杂，导线间的分布电容很容易造成干扰。因此，元器件的布局要尽量与电路图一致，而且导线应尽量短，减少交叉，特别是要避免平行走线。

2. 信号输入最好使用屏蔽线，并确保屏蔽层接地。

3. 不要使扬声器发生短路。

4. 测量静态工作点时，若毫安表指示值过大或三极管温升显著，可检查 RP2 是否开路、电路是否有自激现象、输出管性能是否良好等，并进行排除。

5. 调整 RP2 时，要注意调整的方向，不要调得过大，更不能开路，以免损坏输出管。

展示与评价

1. 成果展示

以小组为单位，选择演示文稿、展板、海报、录像等形式中的一种或几种，向全班展示、汇报学习成果。

2. 任务评价

对任务实施的完成情况进行检查，并将结果填入表 2-3-4。

表 2-3-4　任务测评表

序号	项目内容	评分标准	配分	扣分	得分
1	元器件安装	（1）元器件不按规定方式安装，扣 5 分 （2）元器件极性安装错误，扣 10 分 （3）布线不合理，每处扣 5 分	20		
2	电路焊接	（1）电路装接后与电路原理图不一致，每处扣 10 分 （2）焊点不合格，每处扣 2 分 （3）剪脚留头长度不合格，每处扣 2 分	20		
3	电路测试	（1）关键点电位异常，每处扣 10 分 （2）最大输出功率或效率测量错误，每处扣 10 分 （3）仪器仪表使用错误，每次扣 5 分	40		
4	安全文明生产	违反安全文明生产要求，酌情扣分	20		
合计			100		
开始时间			结束时间		

课题三　集成运算应用电路的装配与调试

任务1　比例运算电路的装配与调试

明确任务

集成运算放大器是一种具有高放大倍数的直接耦合放大器，比例运算电路是集成运算放大器的线性应用电路。本任务的主要内容是，根据给定的技术指标，按照比例运算放大电路原理图，装配并调试出满足工艺要求和技术要求的合格电路，能独立解决调试过程中出现的故障，在规定的时间内完成任务并提交审核。

资讯学习

1. 理想集成运算放大器的图形符号如图3-1-1所示，分别标出各引脚的名称。

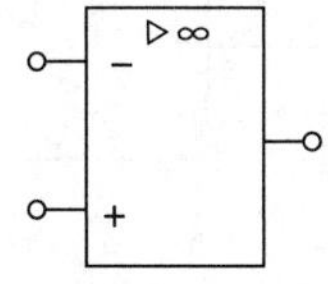

图3-1-1　理想集成运算放大器的图形符号

2. 图3-1-2所示为比例运算应用电路图，该电路对输入信号进行四级放大，分别计算每级放大电路的放大倍数。

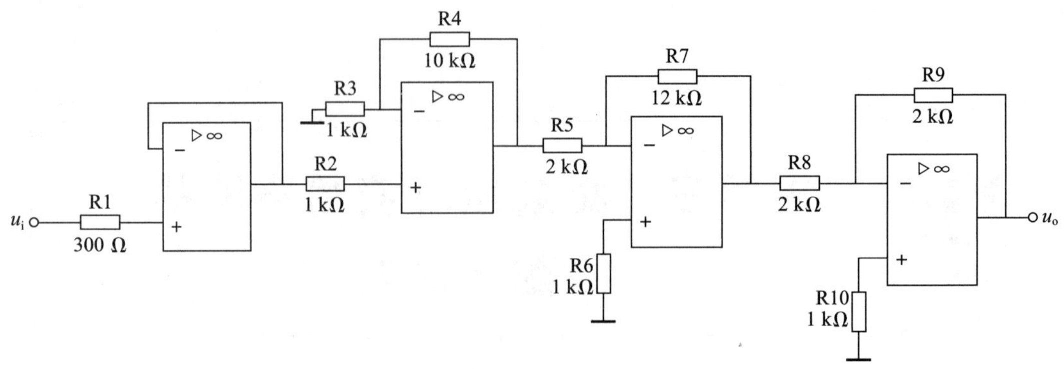

图 3-1-2　比例运算应用电路图

3. 图 3-1-3 所示的减法运算电路中，$R_1=R_2=1\ \mathrm{k\Omega}$，$R_3=R_f=10\ \mathrm{k\Omega}$，求输出电压与输入电压的关系。

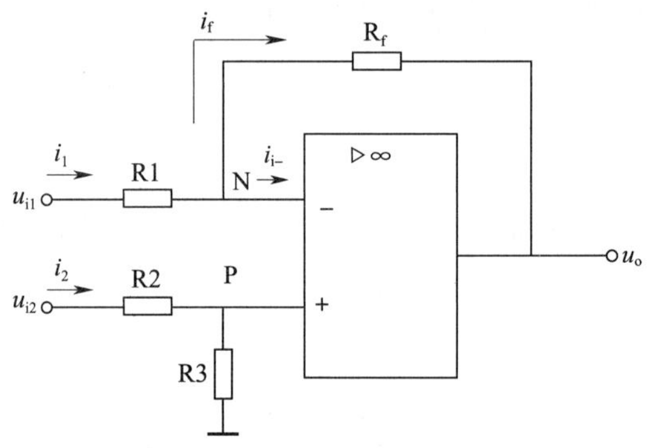

图 3-1-3　减法运算电路

4. 画出 CF741 集成运算放大器的引脚排列图。

任务实施

1. 操作自检

根据任务要求，对相关任务操作进行自检，并将自检结果填入表 3-1-1。

表 3-1-1　操作自检表

自检项目	记录	备注
实训设备、工具、材料的准备	实训设备、工具、材料齐全□ 实训设备、工具、材料缺少□ 缺少物品________________	
电阻器的检测	电阻器质量良好□ 电阻器有损坏□　损坏数量_______	
集成运算放大器的检测	集成运算放大器质量良好□ 集成运算放大器有损坏□	
元器件的成型	符合工艺要求□　不符合工艺要求□	
元器件的插装焊接	符合工艺要求□　不符合工艺要求□	
镀锡裸铜丝的焊接	符合工艺要求□　不符合工艺要求□	
电路焊接质量的检查	质量良好□　漏焊□　错焊□　虚焊□ 其他问题□	
通电前的检查	质量良好□　元器件引脚之间短路□ 集成运算放大器引脚接错□ 集成运算放大器端子短路□　其他问题□	

2. 电路测试

（1）将直流稳压电源输出的±12 V 直流电源与电路的正、负电源端相连，认真检查，确保直流稳压电源正确、可靠地接入电路，然后接通直流电源。

（2）将低频信号发生器的频率调为 100 Hz，输出信号电压调为 50 mV，连接至电路的输入端。

（3）将双通道示波器 Y 输入端分别与电路的输入、输出端连接，接通示波器电源，调整示波器使输入、输出电压波形稳定显示（1~3 个周期），将输入、输出电压波形记录在表 3-1-2 中。

（4）读取输入、输出电压的有效值，计算电压放大倍数，将结果填入表 3-1-2。

表 3-1-2　输入、输出电压测量结果记录表

U_i/V	U_o/V	u_i 波形	u_o 波形	$\dot{A}_u$	
				实测值	计算值

（5）分别观察电压跟随器、同相比例运算电路、反相比例运算电路和反相器的输出波形，将输入电压、输出电压、电压放大倍数和输入、输出电压的相位差填入表 3-1-3。

表 3-1-3　电路测量结果记录表

测量电路	U_i/V	U_o/V	$\dot{A}_u$	相位差
电压跟随器				
同相比例运算电路				
反相比例运算电路				
反相器				

一般情况下，测量结果均应与理论估算值接近。若测量结果与理论估算值相差较大，则其原因可能为以下几点：

1. 集成运算放大器的参数与理想值相差较大，主要是集成运算放大器的开环增益不高，使实际输出电压偏小。另外，共模抑制比较小也会导致同相运算电路的输出误差。

2. 运算电路外接元器件的标称值与实际值相差较大。

3. 电路接错或测量点接错、电压表存在换挡误差或读数错误、电压表内阻较低等。

4. 输入信号过大，集成运算放大器工作在非线性状态。

展示与评价

1. 成果展示

以小组为单位，选择演示文稿、展板、海报、录像等形式中的一种或几种，向全班展示、汇报学习成果。

2. 任务评价

对任务实施的完成情况进行检查，并将结果填入表 3-1-4。

表 3-1-4　任务测评表

序号	项目内容	评分标准	配分	扣分	得分
1	元器件安装	（1）元器件不按规定方式安装，扣 5 分 （2）元器件极性安装错误，扣 10 分 （3）布线不合理，每处扣 5 分	20		
2	电路焊接	（1）电路装接后与电路原理图不一致，每处扣 10 分 （2）焊点不合格，每处扣 2 分 （3）剪脚留头长度不合格，每处扣 2 分	20		
3	电路测试	（1）关键点电位、波形异常，每处扣 10 分 （2）电压放大倍数计算错误，每处扣 10 分 （3）仪器仪表使用错误，每次扣 5 分	40		
4	安全文明生产	违反安全文明生产要求，酌情扣分	20		
合计			100		
开始时间			结束时间		

任务 2　正弦信号发生器的装配与调试

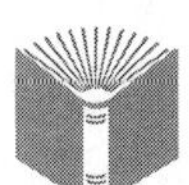

明确任务

电子电路中经常用到正弦波信号，用集成电路可以很方便地组成各种信号波形发生器。本任务的主要内容是，根据给定的技术指标，按照 RC 桥式正弦波振荡电路原理图装配并调试出满足工艺要求和技术要求的合格电路，能独立解决调试过程中出现的故障，在规定的时间内完成任务并提交审核。

资讯学习

1. 正弦波振荡电路包括哪些组成部分？各部分的作用是什么？

2. RC 桥式正弦波振荡电路如图 3-2-1 所示，计算产生正弦信号的频率。

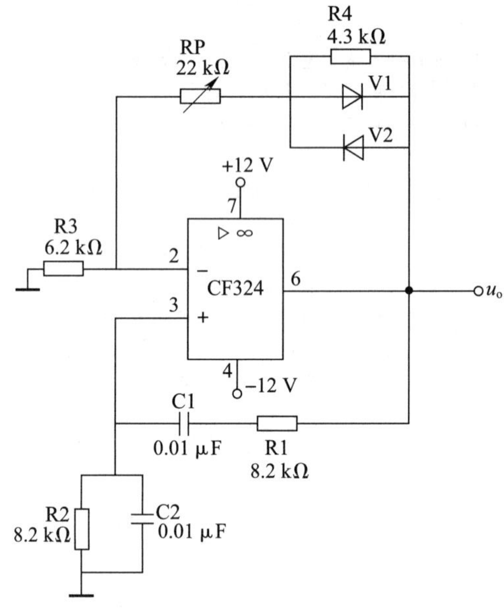

图 3-2-1　RC 桥式正弦波振荡电路

任务实施

1. 操作自检

根据任务要求，对相关任务操作进行自检，并将自检结果填入表 3-2-1。

表 3-2-1　操作自检表

自检项目	记录	备注
实训设备、工具、材料的准备	实训设备、工具、材料齐全□ 实训设备、工具、材料缺少□ 缺少物品________	

续表

自检项目	记录	备注
电阻器的检测	电阻器质量良好□ 电阻器有损坏□　损坏数量________	
二极管的检测	二极管质量良好□ 二极管有损坏□　损坏数量________	
电容器的检测	电容器质量良好□ 电容器有损坏□　损坏数量________	
集成运算放大器的检测	集成运算放大器质量良好□ 集成运算放大器有损坏□	
元器件的成型	符合工艺要求□　不符合工艺要求□	
元器件的插装焊接	符合工艺要求□　不符合工艺要求□	
镀锡裸铜丝的焊接	符合工艺要求□　不符合工艺要求□	
电路焊接质量的检查	质量良好□　漏焊□　错焊□　虚焊□ 其他问题□	
通电前的检查	质量良好□　元器件引脚之间短路□ 集成运算放大器引脚接错□ 集成运算放大器端子短路□　其他问题□	

2. 分析负反馈强弱对输出波形的影响

接通±12 V 电源，调节电位器 RP 使输出波形从无到有，从正弦波到出现失真。绘制 u_o 的波形，将临界起振和正弦波输出失真情况下 RP 的阻值填入表 3-2-2，分析负反馈强弱对输出波形的影响。

表 3-2-2　临界起振和正弦波输出失真情况下 R_P 和 u_o 波形记录表

电路状态	R_P/kΩ	u_o 波形
临界起振		
正弦波输出失真		

3. 分析振荡的幅值条件

调节电位器 RP，使输出电压 u_o 幅值最大且不失真，用毫伏表分别测量输出电压 U_o、反馈电压 U_+和 U_-，将测量结果填入表 3-2-3，分析振荡的幅值条件。

表 3-2-3　振荡幅值条件分析测量结果记录表

R_P/kΩ	u_o 波形	U_o/V	U_+/V	U_-/V

4. 分析谐振频率 f_0

用示波器测量谐振频率 f_0，然后在选频电路的两个电阻上分别并联同一阻值电阻。观察、记录谐振频率的变化情况，并与理论值进行比较，将测量结果填入表 3-2-4。

表 3-2-4　谐振频率 f_0 的分析测量结果记录表

电路状态	f_0 的测量值	f_0 的理论值
并联电阻前		
并联电阻后		

5. 故障分析

断开二极管 Vl 和 V2，重复步骤 3（分析振荡的幅值条件）的内容，将测量结果填入表 3-2-5，并与步骤 3 的测量结果进行比较，分析二极管 V1、V2 的稳幅作用。

表 3-2-5　故障分析测量结果记录表

R_P/kΩ	u_o 波形	U_o/V	U_+/V	U_-/V

1. 若调试过程中无振荡信号输出，可检查直流电源接入是否可靠、选频电路接入是否正确、集成运算放大器是否完好、负反馈是否太强等；若负反馈太强，应适当增大 R_F 进行故障排除。

2. 若调试过程中波形严重失真，则应适当减小 R_F。

展示与评价

1. 成果展示

以小组为单位，选择演示文稿、展板、海报、录像等形式中的一种或几种，向全班展示、汇报学习成果。

2. 任务评价

对任务实施的完成情况进行检查，并将结果填入表 3-2-6。

表 3-2-6　任务测评表

序号	项目内容	评分标准	配分	扣分	得分
1	元器件安装	（1）元器件不按规定方式安装，扣 5 分 （2）元器件极性安装错误，扣 10 分 （3）布线不合理，每处扣 5 分	20		
2	电路焊接	（1）电路装接后与电路原理图不一致，每处扣 10 分 （2）焊点不合格，每处扣 2 分 （3）剪脚留头长度不合格，每处扣 2 分	20		
3	电路测试	（1）关键点电位异常，每处扣 10 分 （2）测量结果错误，每处扣 10 分 （3）仪器仪表使用错误，每次扣 5 分	40		
4	安全文明生产	违反安全文明生产要求，酌情扣分	20		
合计			100		
开始时间			结束时间		

任务 3　矩形波—三角波发生器的装配与调试

明确任务

电子电路中经常用到矩形波、三角波，电压比较电路可以构成矩形波—三角波发生器。本任务的主要内容是，根据给定的技术指标，按照矩形波—三角波发生器电路原理图装配并调试出满足工艺要求和技术要求的合格电路，能独立解决调试过程中出现的故障，在规定的时间内完成任务并提交审核。

资讯学习

1. 画出过零比较器的电路图和输入—输出关系图。

2. 在滞回比较器中，回差电压越大，其抗干扰能力越____。

3. 矩形波—三角波发生器的电路图如图 3-3-1 所示，计算矩形波—三角波发生器的振荡周期并简述改变输出波形频率的方法。

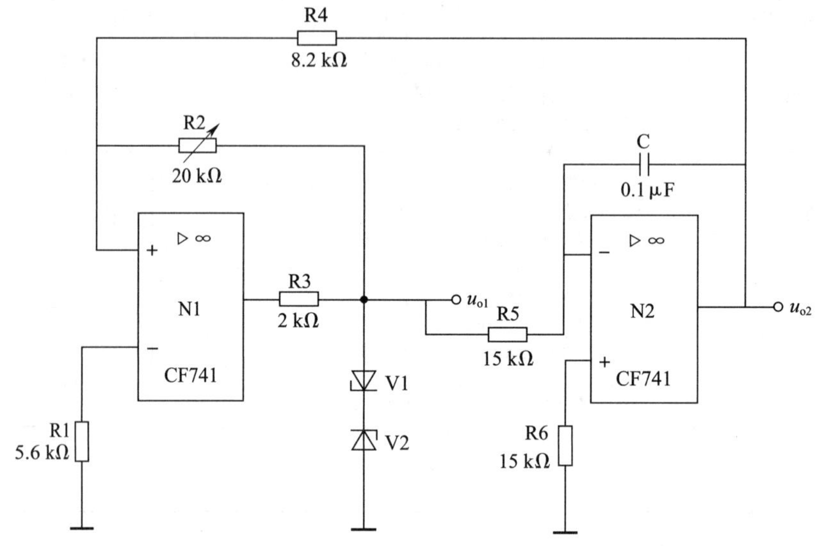

图 3-3-1　矩形波—三角波发生器的电路图

任务实施

1. 操作自检

根据任务要求，对相关任务操作进行自检，并将自检结果填入表 3-3-1。

表 3-3-1　操作自检表

自检项目	记录	备注
实训设备、工具、材料的准备	实训设备、工具、材料齐全□ 实训设备、工具、材料缺少□ 缺少物品________________	

续表

自检项目	记录	备注
电阻器的检测	电阻器质量良好□ 电阻器有损坏□　损坏数量________	
稳压二极管的检测	稳压二极管质量良好□ 稳压二极管有损坏□　损坏数量________	
电容器的检测	电容器质量良好□　电容器有损坏□	
集成运算放大器的检测	集成运算放大器质量良好□ 集成运算放大器有损坏□　损坏数量______	
元器件的成型	符合工艺要求□　不符合工艺要求□	
元器件的插装焊接	符合工艺要求□　不符合工艺要求□	
镀锡裸铜丝的焊接	符合工艺要求□　不符合工艺要求□	
电路焊接质量的检查	质量良好□　漏焊□　错焊□　虚焊□ 其他问题□	
通电前的检查	质量良好□　元器件引脚之间短路□ 集成运算放大器引脚接错□ 集成运算放大器端子短路□　其他问题□	

2. 电路测试

将稳压电源输出的±12 V 直流电与电路的正、负电源端连接。用双踪示波器观察并绘制矩形波 u_{o1} 及三角波 u_{o2} 的波形（注意对应关系），测量其幅值及谐振频率，填入表 3-3-2。

表 3-3-2　矩形波—三角波发生器电路测量结果记录表

项目	波形	U_{om}/V	f_0/kHz
矩形波 u_{o1}			
三角波 u_{o2}			

3. 故障分析

（1）改变 R5 的阻值（R_5 =______），观察 u_{o1}、u_{o2} 幅值及谐振频率变化情况，将测量结果填入表 3-3-3。

表 3-3-3　故障分析测量结果记录表（1）

项目	波形	U_{om}/V	f_0/kHz
矩形波 u_{o1}			
三角波 u_{o2}			

（2）改变 R4（或 R2）的阻值（R_4 =________，R_2 =________），观察 u_{o1}、u_{o2} 幅值及谐振频率的变化情况，将测量结果填入表 3-3-4。

表 3-3-4　故障分析测量结果记录表（2）

项目	波形	U_{om}/V	f_0/kHz
矩形波 u_{o1}			
三角波 u_{o2}			

若调试过程中无振荡信号输出，可检查直流电源接入是否正确、电容器接入是否可靠、集成运算放大器是否完好等，并进行故障排除。

展示与评价

1. 成果展示

以小组为单位，选择演示文稿、展板、海报、录像等形式中的一种或几种，向全班展示、汇报学习成果。

2. 任务评价

对任务实施的完成情况进行检查，并将结果填入表 3-3-5。

表 3-3-5　任务测评表

序号	项目内容	评分标准	配分	扣分	得分
1	元器件安装	（1）元器件不按规定方式安装，扣 5 分 （2）元器件极性安装错误，扣 10 分 （3）布线不合理，每处扣 5 分	20		
2	电路焊接	（1）电路装接后与电路原理图不一致，每处扣 10 分 （2）焊点不合格，每处扣 2 分 （3）剪脚留头长度不合格，每处扣 2 分	20		
3	电路测试	（1）关键点电位异常，每处扣 10 分 （2）测量结果错误，每处扣 10 分 （3）仪器仪表使用错误，每次扣 5 分	40		
4	安全文明生产	违反安全文明生产要求，酌情扣分	20		
合计			100		
开始时间			结束时间		

课题四　晶闸管应用电路的装配与调试

任务1　单结晶体管触发电路的装配与调试

明确任务

单结晶体管又称为双基极二极管，是一种在生产和生活中有着广泛应用的半导体元器件。以单结晶体管为主要元器件的触发电路能为其他电路提供合适的触发信号。本任务的主要内容是，根据给定的技术指标，按照单结晶体管触发电路原理图装配并调试出满足工艺要求和技术要求的合格电路，能独立解决调试过程中出现的故障，在规定的时间内完成任务并提交审核。

资讯学习

1. 单结晶体管的图形符号如图4-1-1所示，标出单结晶体管三个电极的名称。

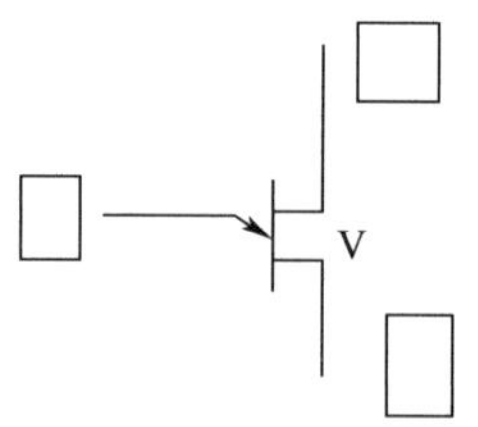

图4-1-1　单结晶体管的图形符号

2. 用万用表判断单结晶体管引脚极性的方法如下：

（1）确定发射极

将万用表的转换开关置于R×1 k挡，先假设一个发射极，若用万用表______表笔接假设的发射极，______表笔先后接触另外两个电极均测得较小电阻，则______表笔所接的电极即为发射极。

（2）确定第一基极、第二基极

将万用表的转换开关置于 R×1 k 挡，用万用表黑表笔接发射极，而红表笔先后接触另外两个电极，测得的电阻应一大一小，电阻较小的一次，红表笔所接的电极为____________，另一个电极为____________。

3. 单结晶体管振荡电路如图 4-1-2a 所示，补全图 4-1-2b 所示的电压波形图，完成以下工作原理的分析：

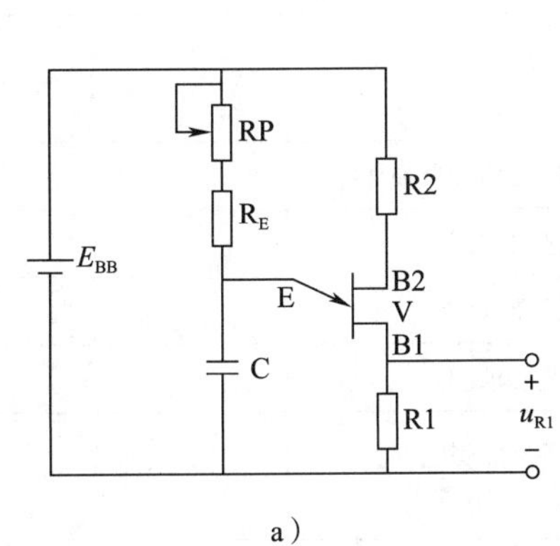

a）

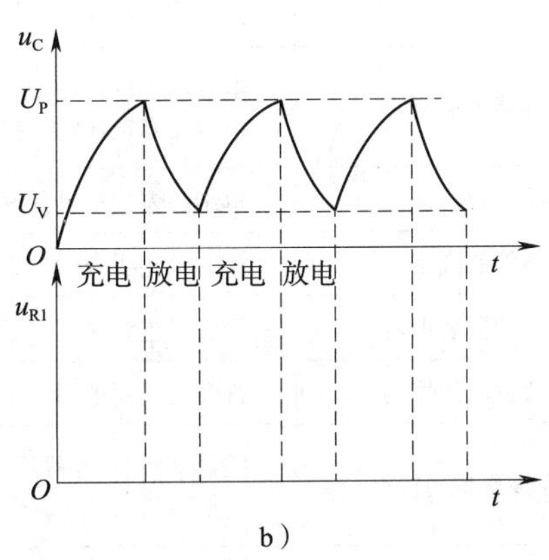

b）

图 4-1-2　单结晶体管振荡电路

a）电路原理图　b）电压波形图

接通电源后，电源通过 R2、R1 加在单结晶体管的两个基极上，同时电源通过 RP、R_E 给电容 C______，电容两端电压 u_C 按指数规律增大。当 $u_C<U_P$ 时，单结晶体管______，R1 两端无电压输出；当 u_C 达到峰点电压 U_P 时，单结晶体管______，电容 C 通过单结晶体管、电阻 R1 迅速______，在 R1 两端形成脉冲电压。

随着电容 C 的放电，u_C 迅速下降，当 $u_C<U_V$ 时，单结晶体管______，放电结束，输出电压又降至零，完成一次振荡。电源对电容再次充电，重复上述过程，于是在 R1 两端产生一系列的脉冲电压。

由上述分析可知，振荡过程的形成利用了单结晶体管的负阻特性和 RC 电路的充放电特性。改变____________，便可改变电容充电的快慢，使输出脉冲波形前移或后移。

任务实施

1. 操作自检

根据任务要求，对相关任务操作进行自检，并将自检结果填入表 4-1-1。

表 4-1-1　操作自检表

自检项目	记录	备注
实训设备、工具、材料的准备	实训设备、工具、材料齐全□ 实训设备、工具、材料缺少□ 缺少物品________________	
电阻器的检测	电阻器质量良好□ 电阻器有损坏□　损坏数量________	
二极管的检测	二极管质量良好□ 二极管有损坏□　损坏数量________	
电容器的检测	电容器质量良好□ 电容器有损坏□　损坏数量________	
单结晶体管的检测	单结晶体管质量良好□　单结晶体管有损坏□	
元器件的成型	符合工艺要求□　不符合工艺要求□	
元器件的插装焊接	符合工艺要求□　不符合工艺要求□	
镀锡裸铜丝的焊接	符合工艺要求□　不符合工艺要求□	
电路焊接质量的检查	质量良好□　漏焊□　错焊□　虚焊□ 其他问题□	
通电前的检查	质量良好□　元器件引脚之间短路□ 单结晶体管引脚接错□　其他问题□	

2. 电路测试

可以通过几个点的电压波形来判断单结晶体管触发电路是否正常工作。具体方法如下：

（1）测量桥式整流后脉冲电压的波形

将交流电源与桥式整流电路连接。接通示波器电源，调整示波器使输入、输出电压波形稳定显示（1~3 个周期），将示波器 *Y*1 探头的测试端接于教材图 4-1-1 中的 *a* 点，接地端接地；调节示波器，使示波器稳定显示至少一个周期的完整波形，然后将显示的波形绘制出来。

（2）测量同步电压的波形

将示波器 *Y*1 探头的测试端接于教材图 4-1-1 中的 *b* 点，接地端接地；调节示波器，使示波器稳定显示至少一个周期的完整波形，然后将显示的波形绘制出来。

（3）测量电容电压的波形

1）将示波器 *Y*1 探头的测试端接于教材图 4-1-1 中的 *c* 点，接地端接地；调节示波器旋钮，使示波器稳定显示至少一个周期的完整波形，然后将显示的波形绘制出来。

2）调节电位器 RP，可发现 *c* 点（即单结晶体管发射极）的电压波形随之变化，观察并记录 *c* 点波形的变化范围。

（4）测量输出电压的波形

1）将示波器 $Y1$ 探头的测试端接于教材图 4-1-1 中的 d 点，接地端接地；调节示波器旋钮，使示波器稳定显示至少一个周期的完整波形，然后将显示的波形绘制出来。

2）调节电位器 RP，可发现 d 点（即输出端）的电压波形随之变化，这样即可根据不同的需要输出不同波形的触发信号，观察并记录 d 点波形的变化范围。

安装过程中，容易出现的问题有二极管极性接反、电位器接线错误、单结晶体管的 B1、B2 接错等，应当特别注意。

展示与评价

1. 成果展示

以小组为单位，选择演示文稿、展板、海报、录像等形式中的一种或几种，向全班展示、汇报学习成果。

2. 任务评价

对任务实施的完成情况进行检查，并将结果填入表 4-1-2。

表 4-1-2　任务测评表

序号	考核项目	评分标准	配分	扣分	得分
1	单结晶体管的检测	（1）不能正确检测单结晶体管的引脚，扣 5 分 （2）不能正确判断单结晶体管的质量，扣 5 分	10		

续表

序号	考核项目	评分标准		配分	扣分	得分
2	元器件安装	（1）元器件不按规定方式安装，每处扣 5 分 （2）元器件极性安装错误，每处扣 10 分 （3）布线不合理，每处扣 5 分		20		
3	电路焊接	（1）电路装接后与电路原理图不一致，每处扣 10 分 （2）焊点不合格，每处扣 2 分 （3）剪脚留头长度不合格，每处扣 2 分		20		
4	电路测试	（1）关键点电位异常，每处扣 10 分 （2）仪器仪表使用错误，每次扣 5 分		20		
5	安全文明生产	违反安全文明生产要求，酌情扣分		30		
合计				100		
开始时间			结束时间			

任务 2　单相半波可控整流调光灯电路的装配与调试

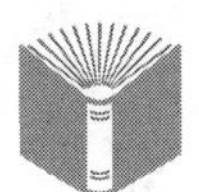

明确任务

晶闸管是一种用硅材料制成的大功率半导体元器件，可以用于整流、调压、调速、开关、变频等。本任务的主要内容是，根据给定的技术指标，按照单相半波可控整流调光灯电路原理图装配并调试出满足工艺要求和技术要求的合格电路，能独立解决调试过程中出现的故障，在规定的时间内完成任务并提交审核。

资讯学习

1. 标出图 4-2-1 所示晶闸管各引脚的极性。

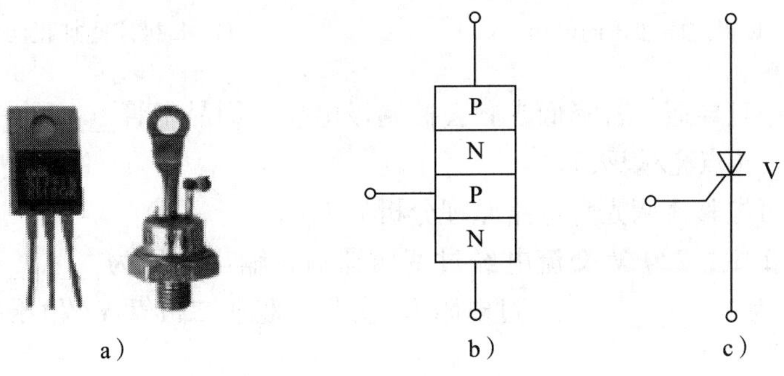

图 4-2-1　晶闸管

a）实物图　b）结构图　c）图形符号

2. 用万用表判别晶闸管引脚极性的方法如下：

将万用表的转换开关置于 R×100 挡，用红、黑表笔分别触碰晶闸管任意两个引脚，只有一次指针有偏转，测量阻值较小，那么黑表笔对应的引脚为______，红表笔对应的引脚为______，剩下的一个引脚为______。

3. 晶闸管的导通原理分析如下：

（1）晶闸管 A、K 极之间加正向电压，G、K 极之间不加电压，电路图如图 4-2-2 所示，此时晶闸管______（导通/断开），发光二极管______（点亮/熄灭）。

（2）晶闸管 A、K 极之间加正向电压，G、K 极之间加反向电压，电路图如图 4-2-3 所示，此时晶闸管________（导通/断开），发光二极管______（点亮/熄灭）。

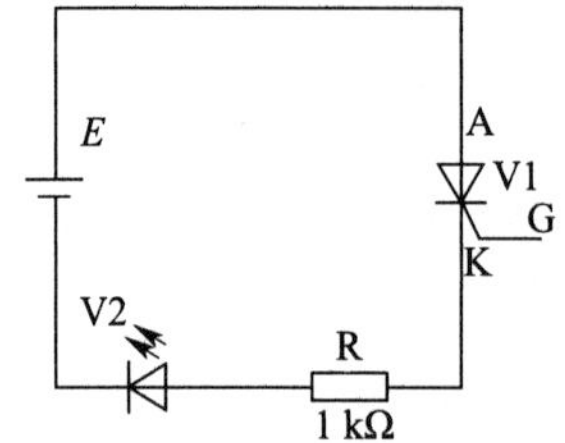

图 4-2-2　A、K 极之间加正向电压，G、K 极之间不加电压

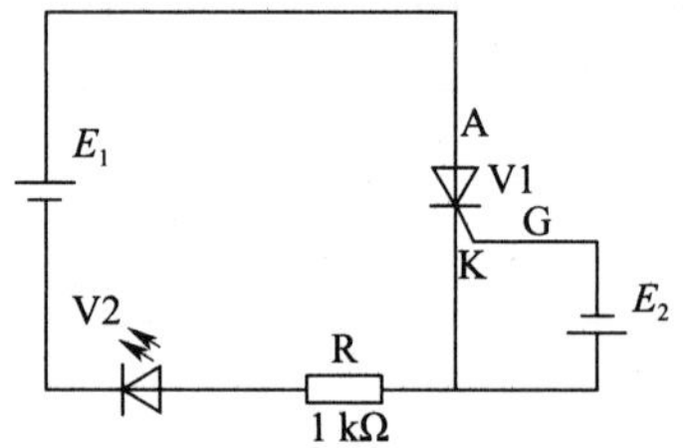

图 4-2-3　A、K 极之间加正向电压，G、K 极之间加反向电压

（3）晶闸管 A、K 极之间加反向电压，G、K 极之间加正向电压，电路图如图 4-2-4 所示，此时晶闸管________（导通/断开），发光二极管______（点亮/熄灭）。

（4）晶闸管 A、K 极之间加正向电压，G、K 极之间也加正向电压，电路图如图 4-2-5 所示，此时晶闸管________（导通/断开），发光二极管______（点亮/熄灭）。

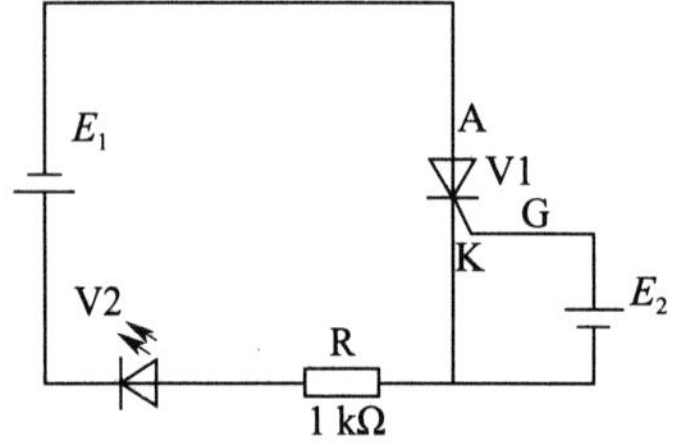

图 4-2-4　A、K 极之间加反向电压，G、K 极之间加正向电压

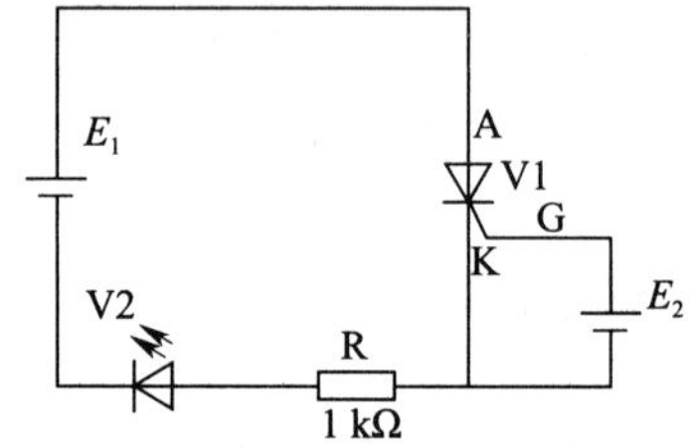

图 4-2-5　A、K 极之间加正向电压，G、K 极之间加正向电压

（5）晶闸管一旦导通，若降低或撤去控制极电压，则晶闸管________（导通/断开），发光二极管______（点亮/熄灭）。

4. 单相半波可控整流调光灯电路原理分析如下：

教材图 4-2-2 中，220 V 交流电经过变压器后，输出电压为______；经过桥式整流后，输出电压 U_a 为__________；经过电阻 R1 分压、稳压二极管 V1 稳压后，输出电压 U_b 为______。

直流电压通过电位器 RP、电阻 R2 给电容 C 充电，当电容 C 两端电压大于________

时，单结晶体管 V6 导通，电容 C 通过单结晶体管 V6、电阻 R4 迅速______，在电阻 R4 两端形成脉冲电压，即晶闸管控制极得到一个脉冲电压，晶闸管导通，灯泡点亮。通过调节电位器 RP 的阻值，改变充放电的时间，即可改变单结晶体管的导通时间，从而改变灯泡的亮度。

任务实施

1. 操作自检

根据任务要求，对相关任务操作进行自检，并将自检结果填入表 4-2-1。

表 4-2-1　操作自检表

自检项目	记录	备注
实训设备、工具、材料的准备	实训设备、工具、材料齐全□ 实训设备、工具、材料缺少□ 缺少物品__________	
电阻器的检测	电阻器质量良好□ 电阻器有损坏□　损坏数量______	
二极管的检测	二极管质量良好□ 二极管有损坏□　损坏数量______	
电容器的检测	电容器质量良好□　电容器有损坏□	
单结晶体管的检测	单结晶体管质量良好□　单结晶体管有损坏□	
晶闸管的检测	晶闸管质量良好□　晶闸管有损坏□	
灯泡的检测	灯泡质量良好□　灯泡有损坏□	
元器件的成型	符合工艺要求□　不符合工艺要求□	
元器件的插装焊接	符合工艺要求□　不符合工艺要求□	
镀锡裸铜丝的焊接	符合工艺要求□　不符合工艺要求□	
电路焊接质量的检查	质量良好□　漏焊□　错焊□　虚焊□ 其他问题□	
通电前的检查	质量良好□　元器件引脚之间短路□ 单结晶体管引脚接错、开路□ 晶闸管引脚接错、开路□　其他问题□	

2. 电路测试

将主电路和触发电路的电源端按电压等级接到具有两个次级绕组的变压器上，然后对各点进行相应的测量。

（1）桥式整流和稳压后电压波形的测量

接通电源，将桥式整流和稳压后的波形测量结果填入表 4-2-2。

表 4-2-2　桥式整流和稳压后的电压波形测量结果

整流后的波形	稳压后的波形

（2）输出电压 u_c、u_d 和晶闸管两端电压 u_{V7} 波形的测量

1）将示波器探头接于负载两端，探头的测试端接高电位、接地端接低电位，荧光屏上显示的应是单相半波可控整流调光灯电路输出电压 u_d 的波形。调节电位器 RP 使控制角 α 在 180°~0°范围内变化，进而改变输出电压的波形，灯泡的明暗程度也随之变化，实现电路的调光功能。

2）观察控制角 α 在 180°~0°范围内变化时输出电压 u_d 及晶闸管两端电压 u_{V7} 的波形，并在同一坐标系中画出 α=60°时的波形图。

展示与评价

1. 成果展示

以小组为单位，选择演示文稿、展板、海报、录像等形式中的一种或几种，向全班展示、汇报学习成果。

2. 任务评价

对任务实施的完成情况进行检查，并将结果填入表 4-2-3。

表 4-2-3　任务测评表

序号	考核项目	评分标准	配分	扣分	得分
1	晶闸管的检测	（1）不能正确检测晶闸管的引脚，扣 5 分 （2）不能正确判断晶闸管的质量，扣 5 分	10		

续表

序号	考核项目	评分标准	配分	扣分	得分
2	元器件安装	（1）元器件不按规定方式安装，每处扣 5 分 （2）元器件极性安装错误，每处扣 10 分 （3）布线不合理，每处扣 5 分	20		
3	电路焊接	（1）电路装接后与电路原理图不一致，每处扣 10 分 （2）焊点不合格，每处扣 2 分 （3）剪脚留头长度不合格，每处扣 2 分	20		
4	电路测试	（1）关键点电位异常，每处扣 10 分 （2）仪器仪表使用错误，每次扣 5 分	20		
5	安全文明生产	违反安全文明生产要求，酌情扣分	30		
合计			100		
开始时间			结束时间		

任务 3　单相交流调压电路的装配与调试

明确任务

在调速系统中，常常要求获得幅值（大小）可调的输出信号，利用单相交流调压电路即可实现。本任务的主要内容是，根据给定的技术指标，按照单相交流调压电路原理图装配并调试出满足工艺要求和技术要求的合格电路，能独立解决调试过程中出现的故障，在规定的时间内完成任务并提交审核。

资讯学习

1. 标出图 4-3-1 中双向晶闸管各引脚的极性。

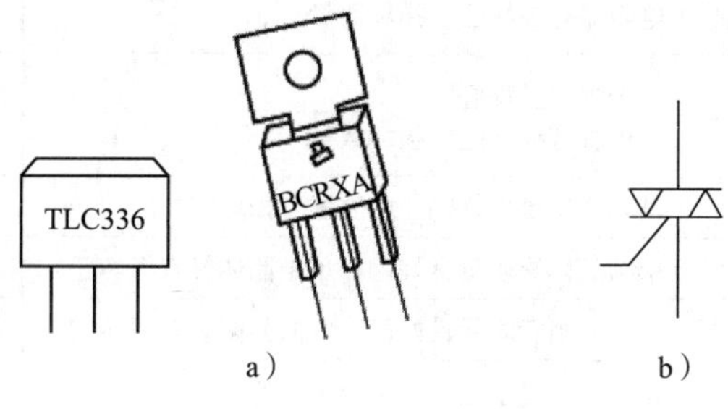

图 4-3-1　双向晶闸管

a）实物图　b）图形符号

2. 双向晶闸管的工作特性分析如下：

双向晶闸管的导通试验电路如图 4-3-2 所示，在电路中加上交流电压 u_1，控制极上无触发脉冲，灯泡______（点亮/不亮），说明此时双向晶闸管______（导通/不导通）。然后在控制极上加触发电压 u_2，灯泡______（点亮/不亮）。双向晶闸管一旦导通，________即失去控制作用。当主电极电流小于维持电流时，双向晶闸管关断。

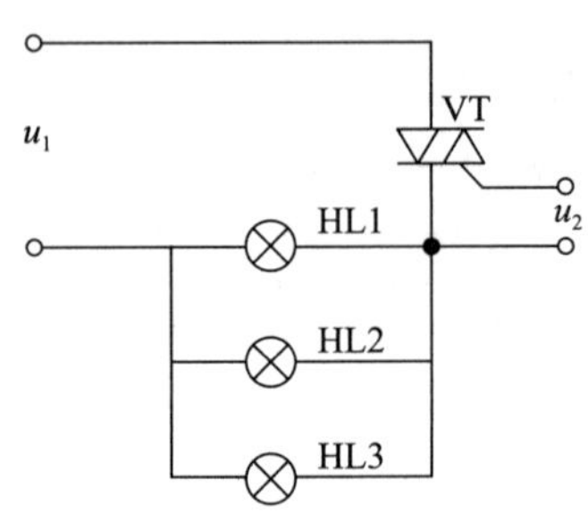

图 4-3-2　双向晶闸管的导通试验电路

3. 双向晶闸管引脚极性的判别方法如下：

用指针式万用表的 R×100 或 R×1 k 挡测量任意两引脚之间的正、反向电阻，当测量的正、反向电阻均较小时，两个引脚为________极和__________极，其中阻值更小的一次，黑表笔所接为________极，红表笔所接为________极，另一个引脚是________极。

任务实施

1. 操作自检

根据任务要求，对相关任务操作进行自检，并将自检结果填入表 4-3-1。

表 4-3-1　操作自检表

自检项目	记录	备注
实训设备、工具、材料的准备	实训设备、工具、材料齐全□ 实训设备、工具、材料缺少□ 缺少物品______________	
电阻器的检测	电阻器质量良好□ 电阻器有损坏□　损坏数量________	
二极管的检测	二极管质量良好□ 二极管有损坏□　损坏数量________	
电容器的检测	电容器质量良好□　电容器有损坏□	
单结晶体管的检测	单结晶体管质量良好□　单结晶体管有损坏□	
双向晶闸管的检测	双向晶闸管质量良好□　双向晶闸管有损坏□	
元器件的成型	符合工艺要求□　不符合工艺要求□	

续表

自检项目	记录	备注
元器件的插装焊接	符合工艺要求□ 不符合工艺要求□	
镀锡裸铜丝的焊接	符合工艺要求□ 不符合工艺要求□	
电路焊接质量的检查	质量良好□ 漏焊□ 错焊□ 虚焊□ 其他问题□	
通电前的检查	质量良好□ 元器件引脚之间短路□ 单结晶体管引脚接错、开路□ 双向晶闸管引脚接错、开路□ 其他问题□	

2. 电路测试

（1）用示波器测量单相交流调压电路 a、b、c、d 点的电压波形，画出各点电压的波形图。

（2）将示波器探头接于负载两端，探头的测试端接高电位、接地端接低电位，观察单相交流调压电路控制角 α 在 180°～0°范围内变化时输出电压 u_d 的波形，并画出某一时刻的波形图。

展示与评价

1. 成果展示

以小组为单位，选择演示文稿、展板、海报、录像等形式中的一种或几种，向全班展示、汇报学习成果。

2. 任务评价

对任务实施的完成情况进行检查，并将结果填入表 4-3-2。

表 4-3-2 任务测评表

序号	考核项目	评分标准	配分	扣分	得分
1	双向晶闸管的检测	（1）不能正确检测双向晶闸管的引脚，扣 5 分 （2）不能正确判断双向晶闸管的质量，扣 5 分	10		
2	元器件安装	（1）元器件不按规定方式安装，每处扣 5 分 （2）元器件极性安装错误，每处扣 10 分 （3）布线不合理，每处扣 5 分	20		
3	电路焊接	（1）电路装接后与电路原理图不一致，每处扣 10 分 （2）焊点不合格，每处扣 2 分 （3）剪脚留头长度不合格，每处扣 2 分	20		
4	电路测试	（1）关键点电位异常，每处扣 10 分 （2）仪器仪表使用错误，每次扣 5 分	20		
5	安全文明生产	违反安全文明生产要求，酌情扣分	30		
合计			100		
开始时间			结束时间		

课题五　逻辑门及其应用电路的装配与调试

任务1　基本逻辑门电路的装配与调试

明确任务

能实现某种逻辑功能的数字电路称为逻辑门电路，利用逻辑门电路可以实现开关通断控制等功能。本任务的主要内容是，根据给定的技术指标，按照基本逻辑门电路原理图装配并调试出满足工艺要求和技术要求的合格电路，能独立解决调试过程中出现的故障，在规定的时间内完成任务并提交审核。

资讯学习

1. 填写“与”门电路的逻辑真值表（见表5-1-1）。

表5-1-1　“与”门电路的逻辑真值表

A	B	Y
0	0	
0	1	
1	0	
1	1	

2. 填写“或”门电路的逻辑真值表（见表5-1-2）。

表 5-1-2 “或”门电路的逻辑真值表

A	B	Y
0	0	
0	1	
1	0	
1	1	

3. 填写“非”门电路的逻辑真值表（见表 5-1-3）。

表 5-1-3 “非”门电路的逻辑真值表

A	Y
0	
1	

4. 完成以下逻辑代数运算。

（1）$A+\overline{A}=$

（2）$A+1=$

（3）$A+0=$

（4）$A\cdot 1=$

（5）$A\cdot 0=$

（6）$\overline{\overline{A}}=$

（7）$\overline{A}+\overline{B}+\overline{C}=$

（8）$\overline{A+B+C}=$

任务实施

1. 操作自检

根据任务要求，对相关任务操作进行自检，并将自检结果填入表 5-1-4。

表 5-1-4 操作自检表

自检项目	记录	备注
实训设备、工具、材料的准备	实训设备、工具、材料齐全□ 实训设备、工具、材料缺少□ 缺少物品＿＿＿＿＿＿＿＿	
电阻器的检测	电阻器质量良好□ 电阻器有损坏□ 损坏数量＿＿＿＿	
二极管的检测	二极管质量良好□ 二极管有损坏□ 损坏数量＿＿＿＿	
三极管的检测	三极管质量良好□ 三极管有损坏□	
元器件的成型	符合工艺要求□ 不符合工艺要求□	
元器件的插装焊接	符合工艺要求□ 不符合工艺要求□	
镀锡裸铜丝的焊接	符合工艺要求□ 不符合工艺要求□	

续表

自检项目	记录	备注
电路焊接质量的检查	质量良好□　漏焊□　错焊□　虚焊□ 其他问题□	
通电前的检查	质量良好□　元器件引脚之间短路□ 二极管极性接反□　三极管极性接反□ 其他问题□	

2. 电路测试

(1) 分别用万用表和逻辑笔对二极管“与”门电路进行测量，将测量结果填入表 5-1-5。

表 5-1-5　“与”门电路测量结果

输入电压		输出电压	输出状态
U_A/V	U_B/V	U_Y/V	
0	0		
0	3		
3	0		
3	3		

(2) 分别用万用表和逻辑笔对二极管“或”门电路进行测量，并将测量结果填入表 5-1-6。

表 5-1-6　“或”门电路测量结果

输入电压		输出电压	输出状态
U_A/V	U_B/V	U_Y/V	
0	0		
0	3		
3	0		
3	3		

(3) 分别用万用表和逻辑笔对三极管“非”门电路进行测量，并将测量结果填入表 5-1-7。

表 5-1-7　“非”门电路测量结果

输入电压 U_A/V	输入状态	输出电压 U_A/V	输出状态
0			
3			

（1）注意逻辑笔的电源极性不能接反，否则会导致测量结果错误。

（2）当测得某些逻辑关系不正确时，应检查二极管、三极管是否完好，引脚接法是否正确，电源极性是否正确等，直至故障排除。

展示与评价

1. 成果展示

以小组为单位，选择演示文稿、展板、海报、录像等形式中的一种或几种，向全班展示、汇报学习成果。

2. 任务评价

对任务实施的完成情况进行检查，并将结果填入表 5-1-8。

表 5-1-8　任务测评表

序号	考核项目	评分标准		配分	扣分	得分
1	元器件安装	（1）元器件不按规定方式安装，每处扣 5 分 （2）元器件极性安装错误，每处扣 10 分 （3）布线不合理，每处扣 5 分		20		
2	电路焊接	（1）电路装接后与电路原理图不一致，每处扣 10 分 （2）焊点不合格，每处扣 2 分 （3）剪脚留头长度不合格，每处扣 2 分		20		
3	电路测试	（1）关键点电位异常，每处扣 10 分 （2）逻辑笔使用或结果读取错误，每次扣 5 分 （3）仪器仪表使用错误，每次扣 5 分		30		
4	安全文明生产	违反安全文明生产要求，酌情扣分		30		
合计				100		
开始时间			结束时间			

任务 2　复合逻辑门电路的装配与调试

明确任务

在数字电路中，除了“与”“或”“非”三种基本逻辑关系外，还有一些较为复杂的逻辑组合，如“与非”逻辑就是“与”逻辑和“非”逻辑的组合。实现“与非”逻辑关系的电路称为“与非”门电路，它是一种复合逻辑门电路。本任务的主要内容是，根据给定的技术指标，按照复合逻辑门电路原理图装配并调试出满足工艺要求和技术要求的合格电路，能独立解决调试过程中出现的故障，在规定的时间内完成任务并提交审核。

资讯学习

1. 填写“与非”门电路的逻辑真值表（见表5-2-1）。

表5-2-1　“与非”门电路的逻辑真值表

A	B	Y
0	0	
0	1	
1	0	
1	1	

2. 填写“或非”门电路的逻辑真值表（见表5-2-2）。

表5-2-2　“或非”门电路的逻辑真值表

A	B	Y
0	0	
0	1	
1	0	
1	1	

3. 填写“异或”门电路的逻辑真值表（见表5-2-3）。

表5-2-3　“异或”门电路的逻辑真值表

A	B	Y
0	0	
0	1	
1	0	
1	1	

4. 画出“与非”门的逻辑符号。

任务实施

1. 操作自检

根据任务要求，对相关任务操作进行自检，并将自检结果填入表 5-2-4。

表 5-2-4 操作自检表

自检项目	记录	备注
实训设备、工具、材料的准备	实训设备、工具、材料齐全□ 实训设备、工具、材料缺少□ 缺少物品________	
电阻器的检测	电阻器质量良好□ 电阻器有损坏□ 损坏数量________	
二极管的检测	二极管质量良好□ 二极管有损坏□ 损坏数量________	
三极管的检测	三极管质量良好□ 三极管有损坏□ 损坏数量________	
元器件的成型	符合工艺要求□ 不符合工艺要求□	
元器件的插装焊接	符合工艺要求□ 不符合工艺要求□	
镀锡裸铜丝的焊接	符合工艺要求□ 不符合工艺要求□	
电路焊接质量的检查	质量良好□ 漏焊□ 错焊□ 虚焊□ 其他问题□	
通电前的检查	质量良好□ 元器件引脚之间短路□ 二极管极性接反□ 三极管极性接反□ 其他问题□	

2. 电路测试

（1）分别用万用表和逻辑笔对“与非”门电路进行测试，将测试结果填入表 5-2-5。

表 5-2-5 “与非”门电路测试结果

输入电压		输出电压	输出状态
U_A/V	U_B/V	U_Y/V	
0	0		
0	3		
3	0		
3	3		

（2）分别用万用表和逻辑笔对“或非”门电路进行测试，将测试结果填入表 5-2-6。

表 5-2-6　“或非”门电路测试结果

输入电压		输出电压	输出状态
U_A/V	U_B/V	U_Y/V	
0	0		
0	3		
3	0		
3	3		

（3）分别用万用表和逻辑笔对“异或”门电路进行测试，将测试结果填入表 5-2-7。

表 5-2-7　“异或”门电路测试结果

输入电压		输出电压	输出状态
U_A/V	U_B/V	U_Y/V	
0	0		
0	3		
3	0		
3	3		

展示与评价

1. 成果展示

以小组为单位，选择演示文稿、展板、海报、录像等形式中的一种或几种，向全班展示、汇报学习成果。

2. 任务评价

对任务实施的完成情况进行检查，并将结果填入表 5-2-8。

表 5-2-8　任务测评表

序号	考核项目	评分标准	配分	扣分	得分
1	元器件安装	（1）元器件不按规定方式安装，每处扣 5 分 （2）元器件极性安装错误，每处扣 10 分 （3）布线不合理，每处扣 5 分	20		
2	电路焊接	（1）电路装接后与电路原理图不一致，每处扣 10 分 （2）焊点不合格，每处扣 2 分 （3）剪脚留头长度不合格，每处扣 2 分	20		

续表

序号	考核项目	评分标准	配分	扣分	得分
3	电路测试	（1）关键点电位异常，每处扣 10 分 （2）逻辑笔使用或结果读取错误，每次扣 5 分 （3）仪器仪表使用错误，每次扣 5 分	30		
4	安全文明生产	违反安全文明生产要求，酌情扣分	30		
合计			100		
开始时间			结束时间		

任务 3　三人表决器电路的装配与调试

明确任务

表决器主要用于对某件事情进行表决，以少数服从多数的原则表决事件。本任务的主要内容是，根据给定的技术指标，按照三人表决器电路原理图装配并调试出满足工艺要求和技术要求的合格电路，能独立解决调试过程中出现的故障，在规定的时间内完成任务并提交审核。

资讯学习

1. 画出 74LS00“与非”门的引脚排列图。

2. 画出 74LS10“与非”门的引脚排列图。

3. 标出图 5-3-1 中发光二极管的正、负极。

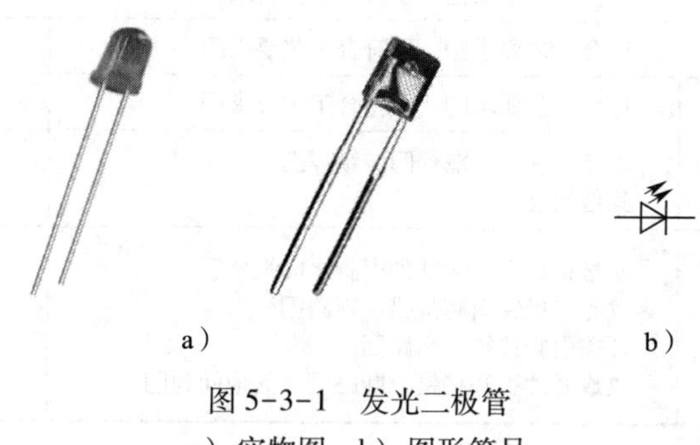

图 5-3-1　发光二极管
a）实物图　b）图形符号

4. 发光二极管引脚极性和质量的判别方法如下：

（1）用万用表检测发光二极管时，必须要使用 R×______挡。检测时，将两表笔分别与发光二极管的两引脚相接，如果万用表指针向右偏转过半，同时发光二极管能发出微弱光亮，表明发光二极管是____向接入，此时黑表笔所接是____极，而红表笔所接是____极。

（2）分别进行发光二极管正、反向电阻测量，若两次测量万用表读数均较小甚至为零，或者都不偏转，则表明被测发光二极管______________（质量良好/已经损坏）。

任务实施

1. 操作自检

根据任务要求，对相关任务操作进行自检，并将自检结果填入表 5-3-1。

表 5-3-1 操作自检表

自检项目	记录	备注
实训设备、工具、材料的准备	实训设备、工具、材料齐全□ 实训设备、工具、材料缺少□ 缺少物品__________	
电阻器的检测	电阻器质量良好□ 电阻器有损坏□ 损坏数量________	
发光二极管的检测	发光二极管质量良好□ 发光二极管有损坏□	
74LS00“与非”门的检测	“与非”门质量良好□ “与非”门有损坏□	
74LS10“与非”门的检测	“与非”门质量良好□ “与非”门有损坏□	
元器件的成型	符合工艺要求□ 不符合工艺要求□	
元器件的插装焊接	符合工艺要求□ 不符合工艺要求□	
镀锡裸铜丝的焊接	符合工艺要求□ 不符合工艺要求□	
电路焊接质量的检查	质量良好□ 漏焊□ 错焊□ 虚焊□ 其他问题□	
通电前的检查	质量良好□ 元器件引脚之间短路□ 发光二极管引脚接错、断路□ 开关引脚接错、断路□ 集成芯片引脚接错、断路□ 其他问题□	

2. 电路测试

对三人表决器电路进行测试，以验证电路的逻辑功能，将测量结果填入表 5-3-2。

表 5-3-2 电路测试结果记录表

S1	S2	S3	U_A/V	U_B/V	U_C/V	U_Y/V	发光二极管状态
0	0	0					
0	0	1					
0	1	0					
1	0	0					
0	1	1					
1	0	1					
1	1	0					
1	1	1					

注：1 表示高电平、开关闭合；0 表示低电平、开关断开

展示与评价

1. 成果展示

以小组为单位，选择演示文稿、展板、海报、录像等形式中的一种或几种，向全班展示、汇报学习成果。

2. 任务评价

对任务实施的完成情况进行检查，并将结果填入表 5-3-3。

表 5-3-3　任务测评表

序号	考核项目	评分标准	配分	扣分	得分
1	元器件安装	（1）元器件不按规定方式安装，扣 5 分 （2）元器件极性安装错误，扣 10 分 （3）布线不合理，每处扣 5 分	20		
2	电路焊接	（1）电路装接后与电路原理图一致，一处不符合扣 10 分 （2）焊点有一处不合格，每处扣 2 分 （3）剪脚留头长度有一处不合格，扣 2 分	20		
3	电路测试	（1）关键点电位异常，每处扣 10 分 （2）发光二极管显示异常，每处扣 5 分 （3）仪器仪表使用错误，每次扣 5 分	30		
4	安全文明生产	违反安全文明生产要求，酌情扣分	30		
合计			100		
开始时间			结束时间		

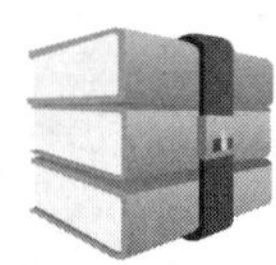

课题六　触发器及其应用电路的装配与调试

任务 1　触发器电路的装配与调试

明确任务

触发器是构成各种时序逻辑电路的记忆单元，撤销输入信号后，触发器仍保持有信号输入时的状态，除非再输入新的信号。本任务的主要内容是，根据给定的技术指标，按照 RS 触发器电路原理图装配并调试出满足工艺要求和技术要求的合格电路，能独立解决调试过程中出现的故障，在规定的时间内完成任务并提交审核。

资讯学习

1. 触发器的两个基本特点是什么？

2. 根据图 6-1-1 所示的基本 RS 触发器的电路结构，填写基本 RS 触发器的真值表（见表 6-1-1），并写出特性方程。

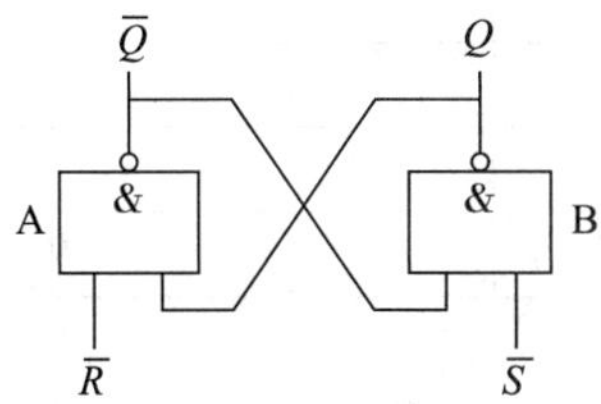

图 6-1-1　基本 RS 触发器的电路结构

表 6-1-1　基本 RS 触发器的真值表

$\bar{R}$	$\bar{S}$	Q^{n+1}	逻辑功能
0	0		
0	1		
1	0		
1	1		

特性方程：

3. 根据图 6-1-2 所示的同步 RS 触发器的电路结构，填写同步 RS 触发器的真值表（见表 6-1-2），并写出特性方程。

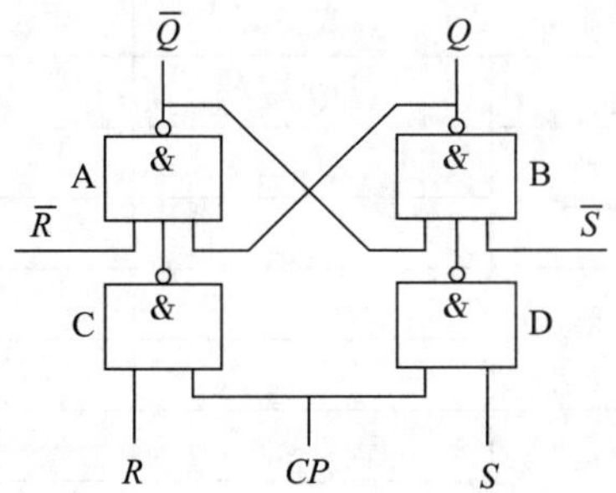

图 6-1-2　同步 RS 触发器的电路结构

表 6-1-2　同步 RS 触发器的真值表（$CP=1$）

R	S	Q^{n+1}	逻辑功能
0	0		
0	1		
1	0		
1	1		

特性方程：

4. 根据图 6-1-3 所示的 JK 触发器的电路结构，填写 JK 触发器的真值表（见表 6-1-3），并写出特性方程。

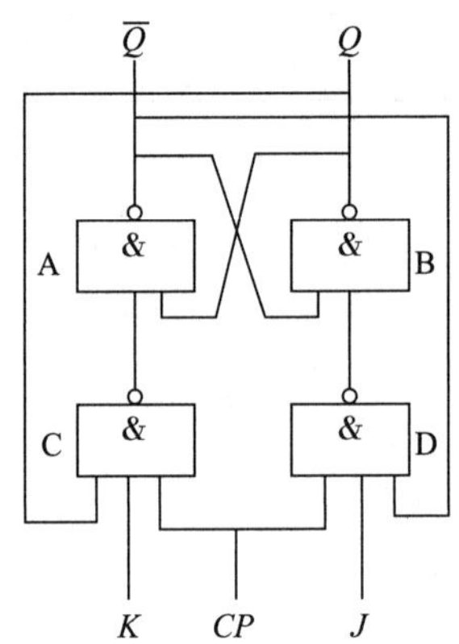

图 6-1-3　JK 触发器的电路结构

表 6-1-3　JK 触发器的真值表

输入			输出	逻辑功能
J	K	Q^n	Q^{n+1}	
0	0			
0	1			
1	0			

续表

输入			输出	逻辑功能
J	K	Q^n	Q^{n+1}	
1	1			

特性方程：

任务实施

1. 操作自检

根据任务要求，对相关任务操作进行自检，并将自检结果填入表 6-1-4。

表 6-1-4　操作自检表

自检项目	记录	备注
实训设备、工具、材料的准备	实训设备、工具、材料齐全□ 实训设备、工具、材料缺少□ 缺少物品＿＿＿＿＿＿＿＿	
74LS00“与非”门的检测	“与非”门质量良好□　“与非”门有损坏□	
元器件的成型	符合工艺要求□　不符合工艺要求□	
元器件的插装焊接	符合工艺要求□　不符合工艺要求□	
镀锡裸铜丝的焊接	符合工艺要求□　不符合工艺要求□	
电路焊接质量的检查	质量良好□　漏焊□　错焊□　虚焊□ 其他问题□	
通电前的检查	质量良好□　元器件引脚之间短路□ 集成电路引脚接错、断路□　其他问题□	

2. 电路测试

（1）用逻辑笔测试基本 RS 触发器的逻辑功能，填写基本 RS 触发器的真值表（见表 6-1-5）。

表 6-1-5　基本 RS 触发器真值表

输入		输出		逻辑功能
$\overline{R}$	$\overline{S}$	Q^n	Q^{n+1}	
0	0	0		
		1		
0	1	0		
		1		
1	0	0		
		1		
1	1	0		
		1		

（2）用逻辑笔测试同步 RS 触发器的逻辑功能，填写同步 RS 触发器的真值表（见表 6-1-6）。

表 6-1-6　同步 RS 触发器的真值表（$CP=1$）

R	S	Q^{n+1}	逻辑功能
0	0		
0	1		
1	0		
1	1		

展示与评价

1. 成果展示

以小组为单位，选择演示文稿、展板、海报、录像等形式中的一种或几种，向全班展示、汇报学习成果。

2. 任务评价

对任务实施的完成情况进行检查，并将结果填入表 6-1-7。

表 6-1-7　任务测评表

序号	考核项目	评分标准	配分	扣分	得分
1	元器件安装	（1）元器件不按规定方式安装，每处扣 5 分 （2）元器件极性安装错误，每处扣 10 分 （3）布线不合理，每处扣 5 分	20		

续表

序号	考核项目	评分标准		配分	扣分	得分
2	电路焊接	（1）电路装接后与电路原理图不一致，每处扣 10 分 （2）焊点不合格，每处扣 2 分 （3）剪脚留头长度不合格，每处扣 2 分		20		
3	电路测试	（1）电路测试结果异常，每次扣 10 分 （2）仪器仪表使用错误，每次扣 5 分		30		
4	安全文明生产	违反安全文明生产要求，酌情扣分		30		
合计				100		
开始时间			结束时间			

任务 2　抢答器的装配与调试

明确任务

抢答器常用于各种知识竞赛，它为竞赛增添了刺激性、娱乐性，在一定程度上丰富了人们的文化生活。本任务的主要内容是，根据给定的技术指标，按照抢答器电路原理图装配并调试出满足工艺要求和技术要求的合格电路，能独立解决调试过程中出现的故障，在规定的时间内完成任务并提交审核。

资讯学习

1. 画出“与非”门 74LS20 的引脚图，并标出每个引脚的名称。

2. 具有记忆功能的抢答器电路原理图如图 6-2-1 所示，抢答器电路的工作原理如下：

比赛开始前，主持人先按下清零按钮 S1，对抢答器电路进行清零，发出抢答命令，此时三个基本 RS 触发器的输出 Q_1、Q_2、Q_3 全为____，对应的“与非”门 G1、G2、G3 的输出 L_1、L_2、L_3 全为____，指示灯 V1、V2、V3 全部________。

抢答开始后，假设第一名选手的抢答开关 S2 先闭合，则 G4、G5 组成的基本 RS 触发器输入有 0，输出为____，将____加到“与非”门 G1 的输入端，使“与非”门 G1 输入全为____，输出为____，对应的指示灯 V1________。与此同时，G1 门输出的____又加到 G2、G3 门的输入端，使 G2、G3 门的输出全为____，对应的指示灯 V2、V3__________。

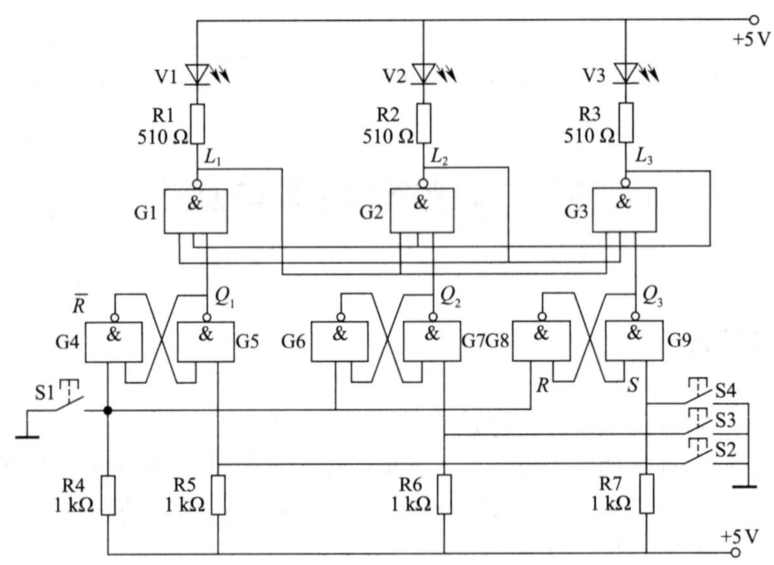

图 6-2-1　具有记忆功能的抢答器电路原理图

任务实施

1. 操作自检

根据任务要求，对相关任务操作进行自检，并将自检结果填入表 6-2-1。

表 6-2-1　操作自检表

自检项目	记录	备注
实训设备、工具、材料的准备	实训设备、工具、材料齐全□ 实训设备、工具、材料缺少□ 缺少物品__________	
电阻器的检测	电阻器质量良好□ 电阻器有损坏□　损坏数量________	

续表

自检项目	记录	备注
发光二极管的检测	发光二极管质量良好□ 发光二极管有损坏□　损坏数量________	
按钮的检测	按钮质量良好□ 按钮有损坏□　损坏数量________	
74LS00“与非”门的检测	“与非”门质量良好□ “与非”门有损坏□　损坏数量________	
74LS20“与非”门的检测	“与非”门质量良好□ “与非”门有损坏□　损坏数量________	
元器件的成型	符合工艺要求□　不符合工艺要求□	
元器件的插装焊接	符合工艺要求□　不符合工艺要求□	
镀锡裸铜丝的焊接	符合工艺要求□　不符合工艺要求□	
电路焊接质量的检查	质量良好□　漏焊□　错焊□　虚焊□ 其他问题□	
通电前的检查	质量良好□　元器件引脚之间短路□ 发光二极管引脚接反□ 集成电路引脚接反□　其他问题□	

2. 电路测试

电路连接正确无误的情况下，通电测试电路的逻辑功能，将测量结果填入表 6-2-2。

表 6-2-2　电路测试结果记录表

S_1	S_2	S_3	S_4	Q_1	Q_2	Q_3	L_1	L_2	L_3
0	1	0	0						
0	0	1	0						
0	0	0	1						
0	0	0	0						
1	1	0	0						
1	0	1	0						
1	0	0	1						
1	0	0	0						

测试时，若抢答器的某些功能无法实现，则应检查并排除故障。首先检查接线是否正确，在接线正确的前提下，可对集成电路进行检测。若集成电路没有故障，则应用万用表

检查发光二极管、电阻、按钮等是否正常。检查时，可由输入级到输出级逐级进行，直至排除故障。例如，若抢答器开关按下时指示灯点亮，松开时又熄灭，则说明电路不能保持，应检查基本 RS 触发器“与非”门相互间的连接是否正确、“与非”门是否完好等。

展示与评价

1. 成果展示

以小组为单位，选择演示文稿、展板、海报、录像等形式中的一种或几种，向全班展示、汇报学习成果。

2. 任务评价

对任务实施的完成情况进行检查，并将结果填入表 6-2-3。

表 6-2-3　任务测评表

序号	考核项目	评分标准	配分	扣分	得分
1	元器件安装	（1）元器件不按规定方式安装，每处扣 5 分 （2）元器件极性安装错误，每处扣 10 分 （3）布线不合理，每处扣 5 分	20		
2	电路焊接	（1）电路装接后与电路原理图不一致，每处扣 10 分 （2）焊点不合格，每处扣 2 分 （3）剪脚留头长度不合格，每处扣 2 分	20		
3	电路测试	（1）电路测试结果异常，每处扣 10 分 （2）仪器仪表使用错误，每次扣 5 分	30		
4	安全文明生产	违反安全文明生产要求，酌情扣分	30		
合计			100		
开始时间			结束时间		

课题七　计数器及其应用电路的装配与调试

任务1　计数、译码、显示电路的装配与调试

明确任务

计数、译码、显示电路是由计数器、译码器和显示器三部分电路组成的逻辑电路。本任务的主要内容是，根据给定的技术指标，按照计数、译码、显示电路原理图装配并调试出满足工艺要求和技术要求的合格电路，能独立解决调试过程中出现的故障，在规定的时间内完成任务并提交审核。

资讯学习

1. 填写二—十进制数转换表（见表7-1-1）。

表7-1-1　二—十进制数转换表

二进制数	十进制数	二进制数	十进制数	二进制数	十进制数	二进制数	十进制数
0000		1000		0100		1100	
0001		1001		0101			13
0010			10	0110			14
0011			11	0111		1111	

2. 十进制数86对应的8421BCD码是________________。

3. 异步十进制计数器74LS290的引脚排列如图7-1-1所示，回答以下问题：

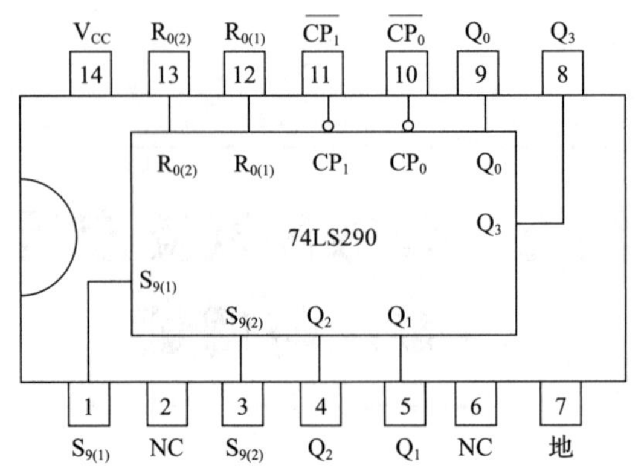

图 7-1-1　74LS290 计数器的引脚排列

（1）当 $R_{0(1)}$、$R_{0(2)}$ 均为 1，$S_{9(1)}$、$S_{9(2)}$ 中有 0 时，实现异步清零功能，即 $Q_3Q_2Q_1Q_0=$ ________。

（2）当 $S_{9(1)}$、$S_{9(2)}$ 均为 1，$R_{0(1)}$、$R_{0(2)}$ 中有 0 时，实现置“9”功能，即 $Q_3Q_2Q_1Q_0=$ ________。

（3）引脚 14 应接__________，引脚 7 应接__________。

4. 计数器 74LS290 性能测试的方法如下：

（1）异步置“0”功能测试

接好 74LS290 计数器的电源和地，复位端 $R_{0(1)}$ 和 $R_{0(2)}$ 接高电平，置位端 $S_{9(1)}$ 或 $S_{9(2)}$ 接低电平，其他各输入端的状态为任意。用万用表测量计数器各输出端的电位，$Q_3\sim Q_0$ 均应为____电平。

（2）预置数功能测试

将复位端 $R_{0(1)}$ 或 $R_{0(2)}$ 接低电平，置位端 $S_{9(1)}$ 和 $S_{9(2)}$ 接高电平，其他各输入端的状态为任意。用万用表测量计数器各输出端的电位，$Q_3\sim Q_0$ 的状态应为______。

（3）计数功能测试

将 $R_{0(1)}$ 或 $R_{0(2)}$、$S_{9(1)}$ 或 $S_{9(2)}$ 接低电平，其他各输入端的状态为任意，CP_0 端输入单脉冲。如果电路无误、操作正确，每输入一个 CP 脉冲，计数器输出端 Q_0 的状态就改变一次，从而实现二进制计数。将时钟脉冲由 CP_1 端输入，如果电路无误、操作正确，每输入一个 CP 脉冲，计数器就进行一次加法计数，输入 5 个 CP 脉冲后，输出端 $Q_3\sim Q_1$ 应为______，此时 Q_3 端输出一个低电平脉冲作为进位脉冲，从而实现五进制计数。若将 Q_0 端与 CP_1 端相接，时钟脉冲由 CP_0 端输入，则将实现十进制计数，计数器输入 10 个 CP 脉冲后，输出端 $Q_3\sim Q_0$ 应为______，此时 Q_3 端输出一个低电平脉冲作为进位脉冲，从而实现十进制计数。

任务实施

1. 操作自检

根据任务要求，对相关任务操作进行自检，并将自检结果填入表 7-1-2。

表 7-1-2 操作自检表

自检项目	记录	备注
实训设备、工具、材料的准备	实训设备、工具、材料齐全□ 实训设备、工具、材料缺少□ 缺少物品________________	
电阻器的检测	电阻器质量良好□ 电阻器有损坏□ 损坏数量________	
元器件的成型	符合工艺要求□ 不符合工艺要求□	
元器件的插装焊接	符合工艺要求□ 不符合工艺要求□	
镀锡裸铜丝的焊接	符合工艺要求□ 不符合工艺要求□	
电路焊接质量的检查	质量良好□ 漏焊□ 错焊□ 虚焊□ 其他问题□	
通电前的检查	质量良好□ 元器件引脚之间短路□ 数码管引脚接错、断路□ 计数器引脚接错、断路□ 其他问题□	

2. 计数器 74LS290 性能测试

对计数器 74LS290 进行异步置“0”功能、预置数功能和计数功能测试，将测试结果填入表 7-1-3。

表 7-1-3 74LS290 性能测试结果记录表

输入				输出			
$R_{0(1)}$	$R_{0(2)}$	$S_{9(1)}$	$S_{9(2)}$	Q_3	Q_2	Q_1	Q_0
1	1	0	×				
1	1	×	0				
×	0	1	1				
0	×	1	1				
×	0	0	×	计数功能正常□ 计数功能异常□			
0	×	×	0				
×	0	×	0				
0	×	0	×				

3. 计数、译码、显示电路性能测试

在计数器 CP_0 端输入 f= 100 Hz 的计数脉冲，观察数码管 546R 的状态变化，记录计数器的状态变化。

性能检测过程中，若某些功能无法实现，则应检查并排除故障。首先检查接线是否正确，在接线正确的前提下，分别对计数器、译码器、数码管进行检查，测试其逻辑功能是否正常；若计数器、译码器、数码管均无故障，则调试低频信号发生器输出的计数脉冲信号的频率和幅值，直至故障排除为止。

展示与评价

1. 成果展示

以小组为单位，选择演示文稿、展板、海报、录像等形式中的一种或几种，向全班展示、汇报学习成果。

2. 任务评价

对任务实施的完成情况进行检查，并将结果填入表 7-1-4。

表 7-1-4　任务测评表

序号	考核项目	评分标准		配分	扣分	得分
1	元器件安装	（1）元器件不按规定方式安装，每处扣 5 分 （2）元器件极性安装错误，每处扣 10 分 （3）布线不合理，每处扣 5 分		20		
2	电路焊接	（1）电路装接后与电路原理图不一致，每处扣 10 分 （2）焊点不合格，每处扣 2 分 （3）剪脚留头长度不合格，每处扣 2 分		20		
3	电路测试	（1）电路测试结果异常，每处扣 10 分 （2）数码管显示错误，扣 10 分 （3）仪器仪表使用错误，每次扣 5 分		30		
4	安全文明生产	违反安全文明生产要求，酌情扣分		30		
合计				100		
开始时间			结束时间			

任务 2　十字路口交通灯控制电路的装配与调试

明确任务

交通灯在交通管理中具有不可或缺的重要意义，它能够减少交通事故的发生，提高交通效率。本任务的主要内容是根据给定的技术指标，按照十字路口交通灯控制电路原理图装配并调试出满足工艺要求和技术要求的合格电路，能独立解决调试过程中出现的故障，在规定的时间内完成任务并提交审核。

资讯学习

1. 查阅资料，画出 JK 触发器 74LS112 的引脚排列图，并写出每个引脚的名称。

2. 查阅资料，画出“非”门 74LS04 的引脚排列图，并写出每个引脚的名称。

3. 查阅资料，画出“异或”门 74LS86 的引脚排列图，并写出每个引脚的名称。

4. 秒脉冲信号发生器采用RC环形多谐振荡器，其电路原理图如图7-2-1所示。写出秒脉冲信号发生器的工作原理，画出输出波形图。

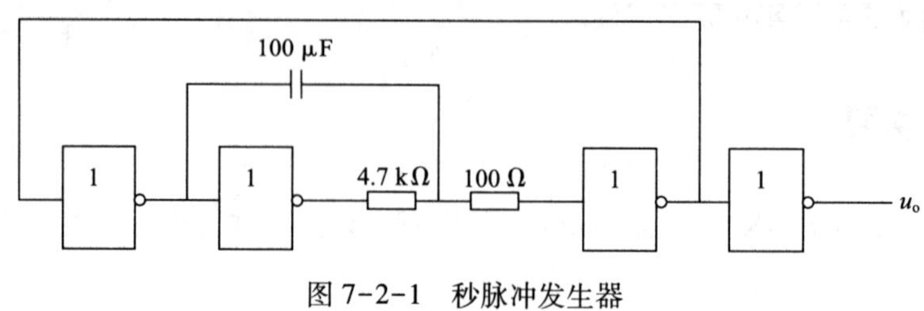

图7-2-1　秒脉冲发生器

5. 30 s计数器的电路原理图如图7-2-2所示，写出其工作原理。

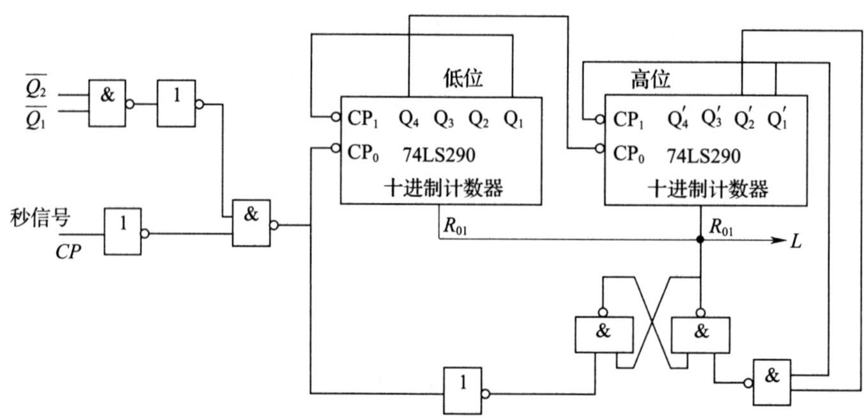

图7-2-2　30 s计数器的电路原理图

6. 5 s 计数器的电路原理图如图 7-2-3 所示，写出其工作原理。

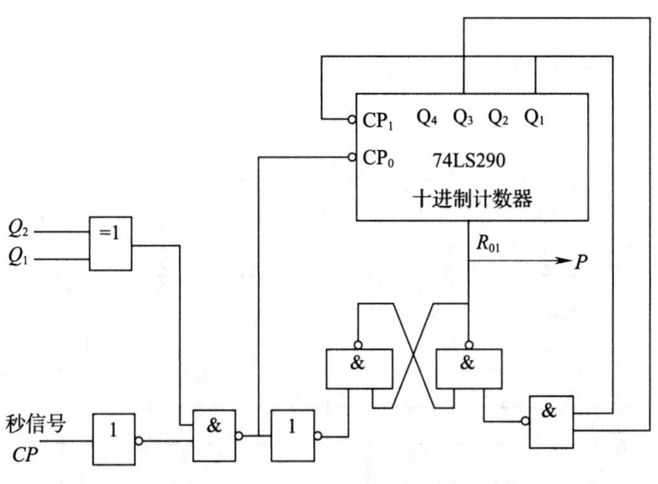

图 7-2-3　5 s 计数器的电路原理图

7. 十字路口交通信号灯译码驱动电路的逻辑图如图 7-2-4 所示，填写对应的真值表（见表 7-2-1）。

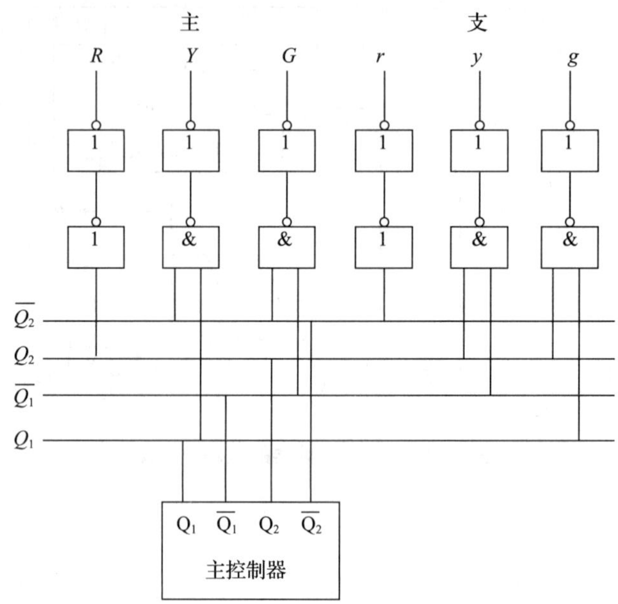

图 7-2-4　译码驱动电路的逻辑图

表 7-2-1　十字路口交通信号灯译码驱动电路的真值表

控制器状态		主干道			支干道		
Q_1	Q_2	红灯 R	黄灯 Y	绿灯 G	红灯 r	黄灯 y	绿灯 g
0	0						
0	1						
1	1						
1	0						

任务实施

1. 操作自检

根据任务要求，对相关任务操作进行自检，并将自检结果填入表 7-2-2。

表 7-2-2　操作自检表

自检项目	记录	备注
实训设备、工具、材料的准备	实训设备、工具、材料齐全□ 实训设备、工具、材料缺少□ 缺少物品__________	

续表

自检项目	记录	备注
电阻器的检测	电阻器质量良好□ 电阻器有损坏□　损坏数量________	
发光二极管的检测	发光二极管质量良好□ 发光二极管有损坏□　损坏数量________	
电容器的检测	电容器质量良好□ 电容器有损坏□　损坏数量________	
计数器的检测	计数器质量良好□ 计数器有损坏□　损坏数量________	
JK 触发器的检测	JK 触发器质量良好□ JK 触发器有损坏□　损坏数量________	
“与非”门的检测	“与非”门质量良好□ “与非”门有损坏□　损坏数量________	
“非”门的检测	“非”门质量良好□ “非”门有损坏□　损坏数量________	
“异或”门的检测	“异或”门质量良好□ “异或”门有损坏□　损坏数量________	
开关的检测	开关质量良好□ 开关有损坏□　损坏数量________	
元器件的成型	符合工艺要求□　不符合工艺要求□	
元器件的插装焊接	符合工艺要求□　不符合工艺要求□	
镀锡裸铜丝的焊接	符合工艺要求□　不符合工艺要求□	
电路焊接质量的检查	质量良好□　漏焊□　错焊□　虚焊□ 其他问题□	
通电前的检查	质量良好□　元器件引脚之间短路□ 电容器引脚接错□　集成电路引脚接错□ 其他问题□	

2. 交通信号灯控制系统各单元电路的调试

（1）调试秒脉冲发生器

用“与非”门组成环形多谐振荡器，选配恰当的电阻器和电容器，保证输出矩形脉冲的振荡频率 $f=1$ Hz。用双踪示波器测试波形及频率，并画出波形图。

（2）调试计数器

电路连接完毕后，分别对 30 s、20 s 和 5 s 计数器进行调试。用逻辑开关 K1、K2 分别代替 Q_1、Q_2 控制信号，用秒脉冲作为时钟信号，调试方法如下：

1）当 $K_1=K_2=0$ 时，30 s 计数器应在 30 s 后产生输出信号（$L=1$），并使该计数器复位。

2）当 $K_1=K_2=1$ 时，20 s 计数器应在 20 s 后产生输出信号（$S=1$），并使该计数器复位。

3）当 $K_1 \oplus K_1=1$ 时，5 s 计数器应在 5 s 后产生输出信号（$P=1$），并使该计数器复位。

（3）调试主控制器电路

用逻辑开关 K1、K2、K3 分别代替 L、S、P 控制信号，用秒脉冲作为时钟信号，当 K1~K3 处于不同状态时，主控制器状态应按教材中表 7-2-1 进行转换。

如果以上调试电路逻辑关系正确，即可同计数器输出 L、S、P 相接，进行动态调试。若电路工作正常即可进行译码电路的调试。

（4）调试译码电路

选用红、黄、绿发光二极管各两个，作为 R、Y、G、r、y、g 信号灯，选用 K1、K2 两个逻辑开关分别代替 Q_1、Q_2 控制信号。当 Q_1Q_2 分别为 00、01、11、10 时，6 个发光二极管应按教材中表 7-2-2 要求发光。以上调试完毕，即可与控制器输出相连进行动态调试。

3. 总机调试

交通信号灯控制系统各单元电路均调试完成后，即可进行总机调试。保证电路连接正确无误后进行通电试验，观察电路的工作状态是否正常，将调试结果填入表 7-2-3。

表 7-2-3　交通信号灯控制系统调试结果记录表

控制器状态		主干道			支干道		
Q_1	Q_2	红灯 R	黄灯 Y	绿灯 G	红灯 r	黄灯 y	绿灯 g
0	0						
0	1						
1	1						
1	0						

调试时，若某些功能无法实现，则应检查并排除故障。首先应检查接线是否正确，在接线正确的前提下，检查集成电路是否正常，可分别对集成计数器 74LS290、JK 触发器 74LS112、“与非”门 74LS00、“异或”门 74LS86、“非”门 74LS04 进行检查。若集成电路无故障，则应用示波器测量秒脉冲发生器输出的计数脉冲信号的频率和幅值是否正常，然后逐级检测系统的各组成部分，直至排除故障为止。

展示与评价

1. 成果展示

以小组为单位，选择演示文稿、展板、海报、录像等形式中的一种或几种，向全班展示、汇报学习成果。

2. 任务评价

对任务实施的完成情况进行检查，并将结果填入表 7-2-4。

表 7-2-4　任务测评表

序号	考核项目	评分标准		配分	扣分	得分
1	元器件安装	（1）元器件不按规定方式安装，每处扣 5 分 （2）元器件极性安装错误，每处扣 10 分 （3）布线不合理，每处扣 5 分		20		
2	电路焊接	（1）电路装接后与电路原理图不一致，每处扣 10 分 （2）焊点不合格，每处扣 2 分 （3）剪脚留头长度不合格，每处扣 2 分		20		
3	电路测试	（1）秒脉冲发生器输出脉冲波形或频率错误，扣 10 分 （2）发光二极管显示异常，扣 10 分 （3）仪器仪表使用错误，每次扣 5 分		40		
4	安全文明生产	违反安全文明生产要求，酌情扣分		20		
合计				100		
开始时间			结束时间			

课题八　555 定时器及其应用电路的装配与调试

任务 1　555 定时器构成施密特触发器的装配与调试

明确任务

用 555 定时器构成的施密特触发器可以进行脉冲整形、波形变换、脉冲鉴幅等。本任务的主要内容是根据给定的技术指标，按照由 555 定时器构成的施密特触发器的电路原理图装配并调试出满足工艺要求和技术要求的合格电路，能独立解决调试过程中出现的故障，在规定的时间内完成任务并提交审核。

资讯学习

1. 555 定时器的结构原理图如图 8-1-1 所示，填写 555 定时器的功能表（见表 8-1-1）。

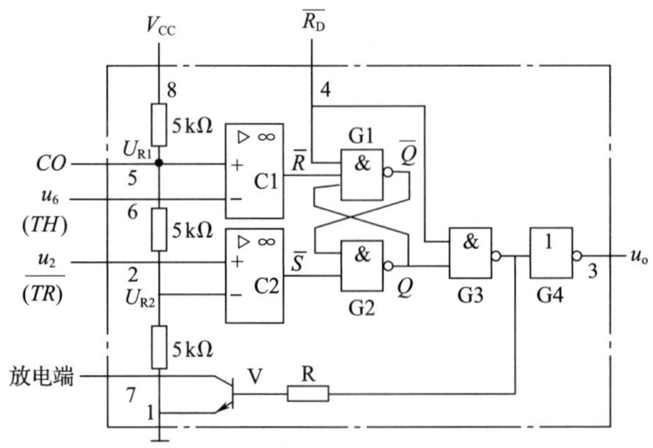

图 8-1-1　555 定时器的结构原理图

表 8-1-1　555 定时器的功能表

$\overline{R_D}$	u_6（TH）	u_2（$\overline{TR}$）	u_o	三极管 V 状态
0	×	×		
1	$<\frac{2}{3}V_{CC}$	$<\frac{1}{3}V_{CC}$		
1	$>\frac{2}{3}V_{CC}$	$>\frac{1}{3}V_{CC}$		
1	$<\frac{2}{3}V_{CC}$	$>\frac{1}{3}V_{CC}$		

2. 画出 555 定时器的引脚排列图，并写出每个引脚的名称。

任务实施

1. 操作自检

根据任务要求，对相关任务操作进行自检，并将自检结果填入表 8-1-2。

表 8-1-2　操作自检表

自检项目	记录	备注
实训设备、工具、材料的准备	实训设备、工具、材料齐全□ 实训设备、工具、材料缺少□ 缺少物品________	
直流稳压电源的检测	直流稳压电源质量良好□　直流稳压电源有损坏□	
电容器的检测	电容器质量良好□　电容器有损坏□	
555 定时器的检测	555 定时器质量良好□　555 定时器有损坏□	
元器件的成型	符合工艺要求□　不符合工艺要求□	
元器件的插装焊接	符合工艺要求□　不符合工艺要求□	
镀锡裸铜丝的焊接	符合工艺要求□　不符合工艺要求□	
电路焊接质量的检查	质量良好□　漏焊□　错焊□　虚焊□ 其他问题□	

续表

自检项目	记录	备注
通电前的检查	质量良好□　元器件引脚之间短路□ 电容器接错□　555 定时器接错□ 其他问题□	

2. 检测 555 定时器的静态功能和质量

将 555 定时器接至+5 V 电源，根据教材中图 8−1−1 所示的电路原理图分别测量 3 脚电位、7 脚电位，将测量结果填入表 8−1−3。

表 8−1−3　555 定时器引脚功能测试结果

引脚	电位			
4	0	1	1	1
6	×	$>\frac{2}{3}V_{CC}$	$<\frac{2}{3}V_{CC}$	$<\frac{2}{3}V_{CC}$
2	×	$>\frac{1}{3}V_{CC}$	$<\frac{1}{3}V_{CC}$	$>\frac{1}{3}V_{CC}$
3				
7				
5	$\frac{2}{3}V_{CC}$	$\frac{2}{3}V_{CC}$	$\frac{2}{3}V_{CC}$	$\frac{2}{3}V_{CC}$

3. 动态测试

将低频信号发生器输出的三角波信号频率调至 f= 100 Hz、幅值调至 4 V，加到施密特触发器的 u_i 端，用示波器观察输出信号波形，并画出电路输入、输出信号的波形图。

测试时，若某些功能无法实现，则应检查并排除故障。首先应检查接线是否正确，在接线正确的前提下，可对 555 定时器进行检测，若 555 定时器没有故障，则用示波器测量低频信号发生器输出的三角波信号的频率和幅值是否正常，直至排除故障为止。

展示与评价

1. 成果展示

以小组为单位，选择演示文稿、展板、海报、录像等形式中的一种或几种，向全班展示、汇报学习成果。

2. 任务评价

对任务实施的完成情况进行检查，并将结果填入表 8-1-4。

表 8-1-4　任务测评表

序号	考核项目	评分标准		配分	扣分	得分
1	元器件安装	（1）元器件不按规定方式安装，每处扣 5 分 （2）元器件极性安装错误，每处扣 10 分 （3）布线不合理，每处扣 5 分		20		
2	电路焊接	（1）电路装接后与电路原理图不一致，每处扣 10 分 （2）焊点不合格，每处扣 2 分 （3）剪脚留头长度不合格，每处扣 2 分		20		
3	电路测试	（1）关键点电位异常，每处扣 10 分 （2）施密特触发器的输入、输出波形不正确，扣 10 分 （3）仪器仪表使用错误，每次扣 5 分		40		
4	安全文明生产	违反安全文明生产要求，酌情扣分		20		
合计				100		
开始时间			结束时间			

任务 2　555 定时器构成单稳态触发器的装配与调试

明确任务

用 555 定时器构成的单稳态触发器可以在电路中起到定时控制或延时控制的作用。本任务的主要内容是，根据给定的技术指标，按照由 555 定时器构成的单稳态触发器的电路原理图装配并调试出满足工艺要求和技术要求的合格电路，能独立解决调试过程中出现的故障，在规定的时间内完成任务并提交审核。

资讯学习

1. 由 555 定时器构成的单稳态触发器的电路原理图如图 8-2-1 所示，工作原理分析如下：

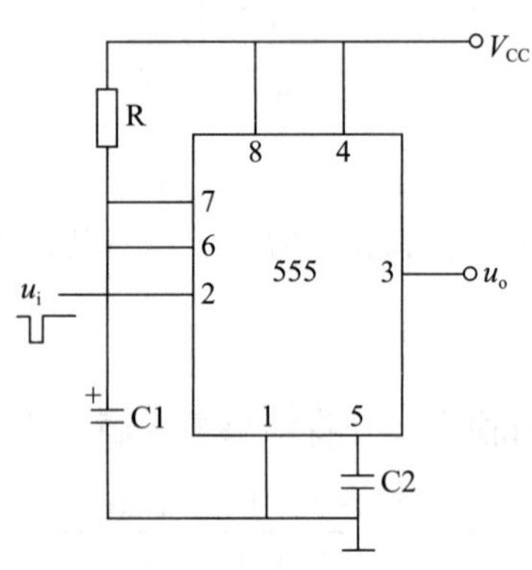

图 8-2-1　由 555 定时器构成的单稳态触发器的电路原理图

（1）稳态

触发信号没有来到之前，u_i 为____电平。电源刚接通时，电路有一个暂态过程，即电源通过电阻 R 向电容 C1 充电，当 u_{C1} 上升到$\frac{2}{3}V_{CC}$时，RS 触发器置______，u_o 为____电平，三极管 V______（导通/截止），因此电容 C1 又通过三极管 V 迅速放电，直到 u_{C1} =____，电路进入稳态。之后，如果一直没有触发信号，电路就一直处于 u_o 为____电平的稳定状态。

（2）暂稳态

当外加触发信号 u_i 的下降沿到来时，由于 $u_i<\frac{1}{3}V_{CC}$、$u_{C1}=0$，RS 触发器置____，所以 u_o 为____电平，三极管 V______（导通/截止），V_{CC} 开始通过电阻 R 向电容 C1 充电。随着电容 C1 充电的进行，u_{C1} 不断______。

触发负脉冲消失后，u_i 回到高电平，当 $u_i>\frac{1}{3}V_{CC}$、$u_{C1}<\frac{2}{3}V_{CC}$ 时，RS 触发器状态保持不变，因此，u_o 一直保持______电平不变，电路维持在暂稳态。当 $u_{C1}\geqslant$________时，RS 触发器置____，电路输出 u_o 为____电平，三极管 V______（导通/截止），暂稳态结束，电路将返回初始稳态。

（3）恢复期

三极管 V 导通后，电容 C1 通过 V 迅速放电，使 u_{C1} =______，电路又恢复到稳态，当第二个触发信号到来时，又重复上述过程。

2. 图 8-2-1 所示的由 555 定时器构成的单稳态触发器的电路原理图中，输入电压 u_i 的波形如图 8-2-2 所示，画出输出电压 u_o 和电容 C1 两端电压 u_{C1} 的波形图。

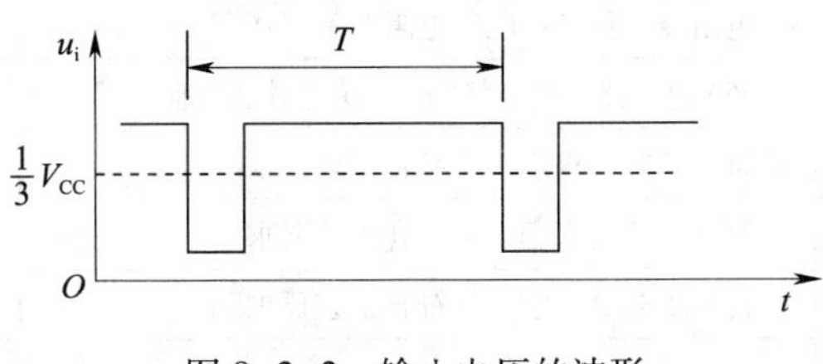

图 8-2-2　输入电压的波形

3. 图 8-2-1 所示的由 555 定时器构成的单稳态触发器的电路原理图中，输出脉冲宽度 t_W 与电容 C_1 的关系是__________________。

任务实施

1. 操作自检

根据任务要求，对相关任务操作进行自检，并将自检结果填入表 8-2-1。

表 8-2-1　操作自检表

自检项目	记录	备注
实训设备、工具、材料的准备	实训设备、工具、材料齐全□ 实训设备、工具、材料缺少□ 缺少物品__________	
直流稳压电源的检测	直流稳压电源质量良好□　直流稳压电源有损坏□	
电容器的检测	电容器质量良好□　电容器有损坏□ 损坏数量______	

续表

自检项目	记录	备注
电阻器的检测	电阻器质量良好□　电阻器有损坏□	
555 定时器的检测	555 定时器质量良好□　555 定时器有损坏□	
元器件的成型	符合工艺要求□　不符合工艺要求□	
元器件的插装焊接	符合工艺要求□　不符合工艺要求□	
镀锡裸铜丝的焊接	符合工艺要求□　不符合工艺要求□	
电路焊接质量的检查	质量良好□　漏焊□　错焊□　虚焊□ 其他问题□	
通电前的检查	质量良好□　元器件引脚之间短路□ 电容器引脚接错□　555 定时器引脚接错□ 其他问题□	

2. 检测 555 定时器的静态功能和质量

将 555 定时器接至+5 V 电源，分别测量 3 脚电位、7 脚电位，将测量结果填入表 8-2-2。

表 8-2-2　555 定时器引脚功能测试结果

引脚	电位			
4	0	1	1	1
6	×	$>\frac{2}{3}V_{CC}$	$<\frac{2}{3}V_{CC}$	$<\frac{2}{3}V_{CC}$
2	×	$>\frac{1}{3}V_{CC}$	$<\frac{1}{3}V_{CC}$	$>\frac{1}{3}V_{CC}$
3				
7				
5	$\frac{2}{3}V_{CC}$	$\frac{2}{3}V_{CC}$	$\frac{2}{3}V_{CC}$	$\frac{2}{3}V_{CC}$

3. 动态测试

用示波器测试并记录 u_i、u_{C1}、u_o 信号的波形，填入表 8-2-3。

表 8-2-3　u_i、u_{C1}、u_o 信号波形记录表

u_i 波形	u_{C1} 波形	u_o 波形

调试过程中，若电路工作不正常，则应检查并排除故障。首先应检查接线是否正确，在接线正确的前提下，可对555定时器进行检测，若555定时器没有故障，则应检查电容器、电阻器等元器件，直至排除故障为止。

展示与评价

1. 成果展示

以小组为单位，选择演示文稿、展板、海报、录像等形式中的一种或几种，向全班展示、汇报学习成果。

2. 任务评价

对任务实施的完成情况进行检查，并将结果填入表 8-2-4。

表 8-2-4　任务测评表

序号	考核项目	评分标准		配分	扣分	得分
1	元器件安装	（1）元器件不按规定方式安装，每处扣 5 分 （2）元器件极性安装错误，每处扣 10 分 （3）布线不合理，每处扣 5 分		20		
2	电路焊接	（1）电路装接后与电路原理图不一致，每处扣 10 分 （2）焊点不合格，每处扣 2 分 （3）剪脚留头长度不合格，每处扣 2 分		20		
3	电路测试	（1）关键点电位异常，每处扣 10 分 （2）单稳态触发器的输入、输出波形不正确，扣 10 分 （3）仪器仪表使用错误，每次扣 5 分		40		
4	安全文明生产	违反安全文明生产要求，酌情扣分		20		
合计				100		
开始时间			结束时间			

任务 3　555 定时器构成流水灯控制电路的装配与调试

明确任务

555 定时器可以控制流水灯电路，实现多功能流水灯显示。本任务的主要内容是，根据给定的技术指标，按照由555定时器构成的流水灯控制电路原理图装配并调试出满足工艺要求和技术要求的合格电路，能独立解决调试过程中出现的故障，在规定的时间内完成任务并提交审核。

资讯学习

1. 查阅资料，画出CD4017定时器的引脚排列图，并标出每个引脚的名称。

2. 由555定时器构成的多谐振荡器电路图如图8-3-1所示，工作原理分析如下：

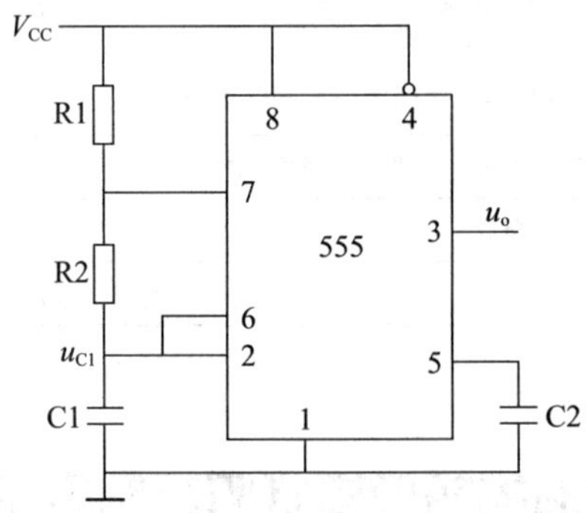

图8-3-1　由555定时器构成的多谐振荡器电路图

接通电源的瞬间，u_{C1}______$\frac{1}{3}V_{CC}$，电路输出为____电平，三极管________（导通/截止），电路处于第一暂稳态；电源V_{CC}通过R1、R2对C1充电，使u_{C1}逐渐上升，当u_{C1}上升到$\frac{2}{3}V_{CC}$时，触发器翻转，电路输出为____电平，三极管________（导通/截止），电路处于第二暂稳态；因三极管________（导通/截止），电容 C1 通过 R2 经三极管放电，使 u_{C1} 逐渐下降，当 u_{C1} 下降到$\frac{1}{3}V_{CC}$时，触发器翻转，电路输出为____电平，三极管________（导通/截止），电路又回到第一暂稳态。然后，V_{CC} 又将通过 R1、R2 对 C1 充电，如此循环往复，形成振荡，即可在输出端得到一个________波。

任务实施

1. 操作自检

根据任务要求，对相关任务操作进行自检，并将自检结果填入表 8-3-1。

表 8-3-1　操作自检表

自检项目	记录	备注
实训设备、工具、材料的准备	实训设备、工具、材料齐全□ 实训设备、工具、材料缺少□ 缺少物品________________	
直流稳压电源的检测	直流稳压电源质量良好□　直流稳压电源有损坏□	
电容器的检测	电容器质量良好□ 电容器有损坏□　损坏数量________	
电阻器的检测	电阻器质量良好□ 电阻器有损坏□　损坏数量________	
发光二极管的检测	发光二极管质量良好□ 发光二极管有损坏□　损坏数量________	
555 定时器的检测	555 定时器质量良好□　555 定时器有损坏□	
CD4017 计数器的检测	CD4017 计数器质量良好□ CD4017 计数器有损坏□	
元器件的成型	符合工艺要求□　不符合工艺要求□	
元器件的插装焊接	符合工艺要求□　不符合工艺要求□	
镀锡裸铜丝的焊接	符合工艺要求□　不符合工艺要求□	
电路焊接质量的检查	质量良好□　漏焊□　错焊□　虚焊□ 其他问题□	
通电前的检查	质量良好□　元器件引脚之间短路□ 电容器引脚接错□　发光二极管引脚接错□ 集成芯片引脚接错□　其他问题□	

2. 检测 555 定时器的静态功能和质量

将 555 定时器接至+5 V 电源，分别测量 3 脚电位、7 脚电位，将测量结果填入表 8-3-2。

表 8-3-2　555 定时器引脚功能测试结果

引脚	电位			
4	0	1	1	1
6	×	$>\frac{2}{3}V_{CC}$	$<\frac{2}{3}V_{CC}$	$<\frac{2}{3}V_{CC}$
2	×	$>\frac{1}{3}V_{CC}$	$<\frac{1}{3}V_{CC}$	$>\frac{1}{3}V_{CC}$
3				
7				
5	$\frac{2}{3}V_{CC}$	$\frac{2}{3}V_{CC}$	$\frac{2}{3}V_{CC}$	$\frac{2}{3}V_{CC}$

3. 动态测试

用示波器测试并记录电容 C1 两端电压 u_{C1}、555 定时器输出电压 u_o、CD4017 进位端电压 u_{CO} 的波形，填入表 8-3-3。

表 8-3-3　u_{C1}、u_o、u_{CO} 的波形记录表

u_{C1} 波形	u_o 波形	u_{CO} 波形

展示与评价

1. 成果展示

以小组为单位，选择演示文稿、展板、海报、录像等形式中的一种或几种，向全班展示、汇报学习成果。

2. 任务评价

对任务实施的完成情况进行检查，并将结果填入表 8-3-4。

表 8-3-4　任务测评表

序号	考核项目	评分标准	配分	扣分	得分
1	元器件安装	（1）元器件不按规定方式安装，每处扣 5 分 （2）元器件极性安装错误，每处扣 10 分 （3）布线不合理，每处扣 5 分	20		

续表

序号	考核项目	评分标准	配分	扣分	得分
2	电路焊接	（1）电路装接后与电路原理图不一致，每处扣 10 分 （2）焊点不合格，每处扣 2 分 （3）剪脚留头长度不合格，每处扣 2 分	20		
3	电路测试	（1）关键点电位异常，每处扣 10 分 （2）测试电压波形错误，扣 10 分 （3）发光二极管显示异常，扣 10 分 （4）仪器仪表使用错误，每次扣 5 分	40		
4	安全文明生产	违反安全文明生产要求，酌情扣分	20		
合计			100		
开始时间			结束时间